教職をめざす学生必携！

教師をめざす学生のための教育情報リテラシー 15日間（パートⅢ）

教育情報テキスト研究チーム　著

現代図書

学生のための教育情報リテラシー
「GIGA スクール構想」が学校教育にもたらすもの

　新学習指導要領の施行、不登校児童生徒の増加、子供の貧困、コロナ禍における学習保障など学校教育は多くの課題を抱えています。このような中で、2021 年度以降に環境整備を進めるとされていた「GIGA スクール構想[1]」が、COVID19 による学校教育の形態の大幅な変化によって奇しくも前倒しで進められることになりました。BYOD（Bring Your Own Device）、つまり 1 人 1 台の自分専用のタブレットや PC などの端末を用いて授業に参加し、教科書やノート、資料整理のツールとして活用していくという新たな学び方が各自治体で一斉に拡充され、環境の整備が急ピッチで進められました。

　AI 時代となりグローバル化、情報化する社会の中で、「GIGA スクール構想」の導入は、学校教育に何をもたらすのでしょうか。このテキストのパート I・II の監修・編著者の元帝京大学田村順一先生は、「GIGA スクール構想」により ICT が「教えるためのツールから、『主体的に学ぶ』ためのツール」となり、学びの在り方が変わると述べられています[2]。さらに、教師の役割についても、ICT を活用して分かりやすく効果的に教えるだけでなく、児童生徒が主体的に学べるような「仕掛け」づくりをして「支援」することが重要となってくると述べられています。同時に、教師に求められるスキルも変わり「教師の自己変革が求められている」、つまり、これからの時代を生きる児童生徒たちが必要な知識や力を備えるために、学校教育は「学ばせる力」を提供する場にならなければいけないというのです。さらに、国が打ち出した Society5.0 という未来像についても、テクノロジー依存社会が到来し、学校で学ぶことだけでは生き抜けない社会となることが予想される中、絶えず学び続け自分の知識や価値観をリニューアルできる柔軟な子どもを育てなければいけなくなった、という点についても言及されています。（下線は筆者による）

　社会構造が変革し、働き方や生き方の変容が求められる中、変化に柔軟に対応していく力が不可欠となっています。同時に、教師自身も社会変容に呼応して自ら研鑽できる力が求められています。したがって、大学における教員養成課程では、多様なニーズに対応できる人材の育成をしていかなければいけませんし、社会の変化に耐えられる教師をいかに養成するかがこれからの教員養成の課題になってきています。教員養成課程が設置されている大学では、教育職員免許法施行規則第 66 条の 6 において「情報操作」が必修科目として

---

1)　文部科学省「GIGA スクール構想の実現へ」　https://www.mext.go.jp/content/20200625-mxt_syoto01-000003278_1.pdf　（最終閲覧日 2022 年 7 月 23 日）
2)　田村順一「最終講義に代えて」『帝京大学大学院教職研究科年報 12』2021 年 7 月　等を参照し記載。

設けられています。これまでこの科目は、全学部学科の学生を対象に開設されている情報機器操作全般を扱う「情報処理」「情報リテラシー」などの科目を、教職課程の学生たちが履修することで単位認定している大学がほとんどでした。ワープロ操作や表計算ソフトウェアの使い方、ネット検索の方法などが一般的なその内容です。しかしながら、先述のような変わり続ける教育現場に対応するために、教員養成課程のカリキュラムとして専門的な内容を組み込む必要がでてきました。そこで、本テキストの作成チームが所属する帝京大学では、2012 年度から教職を目指す学生に対して「学校教育の情報化」にシフトした授業内容への変更をおこなってきました。そして、2013 年、本テキストの前身である「教師を目指す学生のための教育情報リテラシー 15 日間」が発行され、教職課程を履修する学生に焦点を当てた専門の科目「教育情報リテラシー」が設置されました。2016 年には改訂版として同テキストのパート II が発行され、さらにこの度、「GIGA スクール構想」の動向に合わせて大きくリライトされたパート III を発行する運びになりました。

　テキスト作成にあたり、教育実践のコラムをご寄稿いただきました帝京大学小学校 小林翔太先生、柄澤周先生、埼玉県立上尾特別支援学校 澤田隆視先生、「教師を目指す学生のための教育情報リテラシー 15 日間」初版より監修をいただきました帝京大学教職大学院教授田村順一先生、編集作業にご尽力賜りました現代図書飛山様、他多くの皆様にお礼を申し上げますとともに、本テキストが多くの読者の皆様にご活用いただけますことを願っております。

2023 年 3 月

鈴木 賀映子

このテキストについて

　全体を大学等のカリキュラムにあわせ、半期 15 回構成を想定して、15 回のレッスンに分けて解説しています。各レッスンには実習課題 (アクティビティ) を設け、実際にパソコンでいくつかのアプリケーション (以下、アプリ) を操作しながら、教育情報リテラシーの基本を学ぶことができるよう配慮しています。

　このテキストのねらいは、単にパソコンやアプリの使い方を学ぶことではありません。パソコン機器操作や一般的なアプリの使い方の習得を通して、児童生徒に「学ぶ力」をつけることのできる教師としてのスキルを修得することです。テキストを活用して、必要なスキルを身に付けていってください。レッスン 4 からレッスン 8 については、幅広く記載されていますので、取り上げる内容を適宜選択しながら進めてください。

　本書で扱う Word、Excel、PowerPoint は、全て Microsoft 社の登録商標です。

目　次

GIGA スクール構想時代 の新しい学び

レッスン **1**

1. いま求められる情報化社会

　私たちの生活は様々な情報機器が使われている。皆さんが使うスマートフォンだけでなく、電子レンジや炊飯器、冷蔵庫のような家電製品の中にも、コンピュータが入っていて、それらの電子機器を便利に利用することを助けてくれる機能が備わっている。社会そのものが大きく変化をする時代の中で、そういった情報機器は人工知能（AI）や IoT (Internet of Things) 、ビッグデータと呼ばれるような先端技術が導入され、私たちの生活を大きく変えている。

　このような状況の中で、子どもたちには情報活用能力をはじめ言語能力や数学的思考能力など、これからの時代を生きていく上で基盤となる力を付けることが求められている。そのような力を育むためには ICT 等を活用した「公正な個別最適化された学び」が重要となる。新しい時代を切り開く子どもたちにこうした情報化社会を生きる力を身につけさせるためには、これまでとは違った新しい学びが必要となる。

2. 1人1台端末と高速のインターネット回線が整備

　これまでの学校教育では、情報化社会を学ぶための ICT 環境の整備が十分ではなかった。そこで、文部科学省は「GIGA スクール構想」という考えを示し、ICT 環境を整備した。

　「GIGA スクール構想」は中央教育審議会初等中等教育分科会の「新しい時代の初等中等教育の在り方について」を審議する中で、これからの学びを支える ICT や先端技術の効果的な活用方法について、特に優先して審議を行うとして、2019 年 12 月に「新しい時代の初等

中等教育の在り方　論点取りまとめ」に示された。このことを踏まえ、2019 年度補正予算で児童生徒向けの 1 人 1 台端末と高速大容量の通信ネットワークを一体的に整備するための経費が盛り込まれ、2023 年度までの達成目標を示して作られた。しかし、2020 年の新型コロナウイルスの流行を受けて、前倒しをして予算配備がされることになった。

　さて、GIGA スクール構想では「1 人 1 台端末」「高速大容量のネットワーク回線」「クラウドの活用」というものが、配備されることになった。また、国では、これらの機器の使い方について、具体的なあり方を示し、できるだけ利便性を優先して、子どもたちが学べる環境を構築するようにとしている。これまでの学校でのインターネット環境は、安全な利用を重視するあまりに使いづらいものであった。しかし、学習に使えないものとならないようにと示している点が重要である。

3．情報活用能力の育成

　文部科学省が出した「教育の情報化に関する手引 (2019 年版)」では情報活用能力の育成として「世の中の様々な事象を情報とその結び付きとして捉え、情報及び情報技術を適切かつ効果的に活用して、問題を発見・解決したり自分の考えを形成したりしていくために必要な資質・能力」としている。これまでの学習では、教科書などで提示されている学習内容を学ぶことが中心であった。しかし、将来の予測が難しい社会において、情報を主体的に捉えて、何が重要かを主体的に学ぶ力が必要となる。その学びにおいて ICT やインターネット等を利用する情報活用能力が重要になる。そして、その学びの中で、他者とどのように協働的な学びをはかり、かつ情報モラルの育成をはかるかということも大切である。

4．プログラミング教育の実践

　新しい学習指導要領には「小・中・高等学校を通じてプログラミング教育を行うこと」と記述されている。とりわけ、小学校では 2020 年度からプログラミング教育を行うことになった。プログラミング教育といわれると、皆さんがパソコンなどで使っているソフトを作ることをイメージするだろうが、ここで述べられているのは、身近な生活の中での気付きを促したり，各教科等で身についた思考力を「プログラミング的思考」につなげることとしている。この「プログラミング的思考」というのは、「自分が意図する一連の活動を実現するために，どのような動きの組み合わせが必要であり、一つ一つの動きに対応した記号を、ど

のように組み合わせたらいいのか、記号の組合せをどのように改善していけば、より意図した活動に近づくのか、といったことを論理的に考えていく力（「教育の情報化に関する手引」より）」ということである。もちろん、コンピュータを使って学ぶことは一番であろうが、プログラミング言語を覚えることや技能の習得ではなく、プログラムの働きやよさ、社会が情報技術で支えられていることを学び、身近な問題を解決する力を身につけるために、プログラミング的思考を身につけることが役立つのだということを学ぶことが大切になる。

・・・実習課題【話し合ってみよう】・・・

　文部科学省の Web ページ「GIGA スクール構想の実現について https://www.mext.go.jp/a_menu/other/index_00001.htm」をみて、これからの情報教育においてどのようなことが大切だとされているかをまとめてみよう。

　その上で、各自がまとめた内容をお互いに話し合い、これからの教育でどのような教育がどのようなことが期待され、またどのような課題があるか話し合ってみましょう。

　また、自分たちがこれから ICT について学んでいく中で、何がしたいのか、何が心配なのか、このレッスンに参加する上での課題意識を話し合って下さい。

　この最初の課題意識をきちんとノートに書き出して保存しましょう。本書の全体を学んだあと、その意識がどう変化したか、自分で自分を評価することが何より大切です。

<参考・引用文献>
文部科学省（2020）教育の情報化に関する手引
　　https://www.mext.go.jp/a_menu/shotou/zyouhou/detail/mext_00117.html（2022.08.16Access）
文部科学省（2020）GIGA スクール構想の実現
　　https://www.mext.go.jp/a_menu/other/index_00001.htm（2022.08.16Access）

ICT 環境の整備と ICT 活用のいろいろ

レッスン **2**

1．GIGA スクール構想による ICT 機器の標準仕様と環境整備

　レッスン 1 で示したように、令和 4（2022）年度中に全ての学校で GIGA スクールによる機器の整備が整う予定となる。では、具体的にどのような機器が配備されているのか、確認してみよう。

① 学習者用コンピュータ
　文部科学省は令和元年 6 月 25 日に「新時代の学びを支える先端技術活用推進方策」を打ち出した。ここではクラウドベースで情報端末を活用することを前提に、端末の仕様自体を高機能なものとするのではなく、インターネットへの常時接続を前提として、学習者用端末のモデル仕様を Microsoft Windows、Google Chrome OS、iPadOS とし、それぞれについて具体的に提示した。
　文部科学省の令和 3 年 10 月時点での調査によると各 OS ごとの割合は Microsoft Windows 30.9%、Google Chrome OS 40.0%、iPadOS 29.1%とほぼ均等に分かれているようである。
　また、これらの端末についてはもう少し細かい標準仕様が指定されている。その中で特徴的なものとして「タッチパネル対応」「LTE 通信に対応すること」「キーボードが付属すること」「1.5kg 未満」などがあげられている。これらは学校での学習だけでなく、自宅に持ち帰っての利用や、学校外の活動に利用することも想定されているといえる。

② 通信ネットワーク

　1人1台の端末環境となるため、各教室それぞれに無線 LAN の接続環境が求められる。また、全員が一斉にインターネット回線につなげることが想定されるので、専用の無線 LAN の接続機器が必要であるし、学校外との高速の回線接続が無ければ学習に支障を来すことになるであろう。各教育委員会も1回の整備だけで完了するのではなく、より高速な回線接続が求められている。

③ 大型提示装置

　教室でクラス全員に見せるための大型提示装置としては大型ディスプレイ、プロジェクター、電子黒板などがある。規模や学級の人数によって必要となる大きさは異なるが、50インチから80インチ程度の大きさが想定される。また、最後列の子どもの視認性を確保できるものが求められるであろう。

④ 学習用ツールを含めたソフトウェア

　「ワープロソフト」「表計算」「プレゼンテーションソフト」などの教科横断的なソフトウェアは最低限の仕様として指定されている。本書でもそれらの利用方法については解説するが、これ以外にも「写真・動画撮影ソフト」「動画編集ソフト」「地図作成ソフト」「ファイル共有ソフト」「アンケート」「電子メール」「インターネットブラウザ」「プログラミング教材」など、様々な学習ツールが例示されている。ただし、特定の OS や環境に依存することなく利用できることが求められ、クラウドを前提とした様々な環境で利用できるものがある。

　例えば、プログラミング教材としてよく使われるものに「Viscuit」「Scratch」などがあるが、これらはクラウドでの利用を前提に作られている。そのため、OS に依存したり、ネットワークの制限がかかっているなどで、利用できないというような問題が起きないようにしなければならない。

⑤ 教育クラウド

　GIGA スクール構想においては、クラウドを活用した利用を前提にしている。しかし、インターネット上の情報はセキュリティの問題があるのでは？という懸念が生まれる。そこで、文部科学省は「教育情報セキュリティポリシーに関するガイドライン」を出し、積極的にクラウドを活用することを推奨している。

2．遠隔・オンライン教育システム

　2020 年に始まったコロナ禍により遠隔・オンライン教育システムは図らずも大きな進展を果たした。教育的な意味としては学校に通うことに困難がある病気療養の子どもたちへの学習支援ツールとしての利用や、遠隔地の学校や海外の学校との交流など積極的な目的として利用することもある。遠隔・オンライン教育システムとしては「クラウドを活用した教材の共有」「オンデマンド教材を利用した講義の視聴」「ビデオ会議システムによる同時双方向の学習」など、その利用方法は様々である。ここでは、最後の「ビデオ会議システム」について説明する。ビデオ会議システムに必要な環境としては

- ・高速なインターネット回線
- ・ビデオ会議ソフト
- ・ビデオカメラ
- ・マイク
- ・スピーカー

といったものが必要である。最近の PC では、カメラやマイクといったものは標準で装備されているし、GIGA スクール端末の仕様にはそれらの機能が求められているので、専用のソフトウエアを導入すればすぐにはじめられる。

　ソフトウエアについては、自治体や学校ごとに利用するソフトウエアが違うため、使い方をあらかじめ確認しておくことが必要となる。ビデオ会議ソフトとしては ZOOM、Teams、Google Meet、WebEx などがある。特に、音声の聞き取りやすさは学習者の意欲を大きく変化させるので、授業での利用をする際には気をつける必要がある。

3．デジタル教科書・教材

　文部科学省は 2019 年 4 月に「学校教育法等の一部を改正する法律」等関係法令を出して紙の教科書と併用して学習者用デジタル教科書が利用できるようにした。ここでの「学習者用デジタル教科書」というのは、紙の教科書の内容の全部をそのまま記録したものとなる

　学習者用デジタル教科書の利用は障害があり、紙の教科書では学びにくい特別な支援を必要とする児童生徒にとっては学習上の困難を軽減させるものとして大きな期待がある。

　また、そういった子どもたちだけでなく、通常の教育の中でもこれまでの学び方を大きく拡張させるものとして、紙の教科書では実現できない機能が想定される。文部科学省のサイ

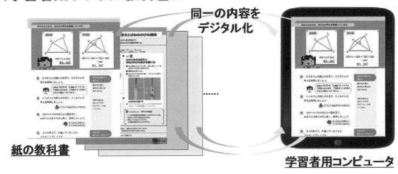

トには学習者用デジタル教科書の利用実践が多く掲載されている。

4．端末利用にあたっての児童生徒の健康への配慮

ICT 機器を利用することは子どもたちの新しい学びを広げていく。しかし、使い方には注意することもある。文部科学省は「児童生徒の健康に留意してＩＣＴを活用するためのガイドブック」「端末利用に当たっての児童生徒の健康への配慮等に関する啓発リーフレット」というものを作成している。ここではタブレットを使うときの５つの約束として「タブレットを使うときは姿勢よくしよう」「30 分に１回はタブレットから目をはなそう」「ねる前にはタブレットを使わないようにしよう」「自分の目を大切にしよう」「ルールを守って使おう」と書かれている。本書のレッスン 10「ネット社会とモラル」と併せて、ICT 機器を使った指導を行う際に大切な事項として押さえておくことが必要である。

5．ICT 活用についての実践

2020 年に始まった GIGA スクール構想により様々な学校での ICT を活用した実践が広がっている。文部科学省では StuDX Style(スタディーエックス　スタイル) として GIGA スクール構想を浸透させるための様々な事例を Web で公開している。

ここでは「慣れるつながる活用」「各教科等での活用」「STEAM 教育等の教科等横断的な学習」といった項目に分けで整理され、各事例については動画等の解説なども用意されている。

・・・実習課題【調べてみよう】・・・

　上記の StuDX Style からあなたが関心を持った実践事例を1つ選んでどのような実践かを整理しましょう。その際に、「どのような実践か」「なぜそれを選んだか」「あなたならこの実践を基にどのように工夫（変更）するか」を書きましょう。その上で、他の学生に説明しましょう（時間があればその実践を基に模擬授業をしましょう）。

＜参考・引用文献＞

文部科学省（2020）StuDX Style　https://www.mext.go.jp/studxstyle/（2022.08.16Access）

文部科学省（2022）学習者用デジタル教科書
　　https://www.mext.go.jp/a_menu/shotou/kyoukasho/seido/1407731.htm（2022.08.16Access）

文部科学省（2022）児童生徒の健康に留意して ICT を活用するためのガイドブック
　　https://www.mext.go.jp/a_menu/shotou/zyouhou/detail/20220329-mxt_kouhou02-1.pdf
　　（2022.08.16Access）

　児童と教師を繋ぐインタラクティブ・フラットパネル（電子黒板）
―帝京大学小学校における電子黒板の活用実践―

帝京大学小学校　小林　翔太

　帝京大学小学校では、指導効果の向上のための教育環境の整備の一環として、液晶型の教育用 IFP（インタラクティブ・フラットパネル）である 86 インチの Activ Panel を全教室に配置しています。

　教師は、教室内を自由に移動しながら、iPad のカメラ機能を利用して児童のノートや作品をリアルタイムで大画面に映し出し活用しています。このように、デジタルコンテンツの活用が手軽であることから、児童に具体的なイメージをもたせることができ、学びに向かう力を引き出す授業づくりが実践できています。

主な活用方法

	内　容
共有	教師が作成した教材の画面（PC やタブレット）を共有
共有 （Wi-Fi）	Activ Panel や iPad が校内の Wi-Fi に接続されていることから、教師や児童の iPad をミラーリングし共有可能
拡大縮小	提示した写真や図を拡大・縮小して表示
動画	実物の見た目と大きく変わらないと言われている高精細な 4K 解像度、没入型のサウンドの動画を表示
書き込み	投影した画像の上を専用のペンまたは指で操作し、直接文字を書き込む
仕様	画面上のボタンを押すことで各種切り替えが可能（教師や児童にも扱いやすい仕様）

　GIGA スクール構想により、校内通信ネットワークの設備および 1 人 1 台端末を活用した学習活動が一層促進されつつあります。本校では 1・2 年生の児童は学校備品の共有 iPad を使用し、3 年生以上の児童は私費で 1 人 1 台 iPad を購入し、活用しています。Activ Panel は最大 4 台のデバイスを同時に選択でき、分割表示することができるため児童は異なる考えを共有したり、比較したりしながら学ぶことができます。このように、Activ Panel を活用し、考えを簡単に共有できることから、児童の学習意欲だけではなく、思考を深めることができます。

　Activ Panel は通常の黒板にはない、Back in time（時間を遡る）機能があるために以下の効果があります。(1) 授業中に書き込んだものの動作を 1 つ 1 つ遡ることができる。(2) 単元の終わりに学習を振り返る際、前の学年の板書を瞬時に映し出して、既習内容を具体的に想起させることができる。(3) 児童の考えやノートを保存することで、その後の授業で他の考えと比較したり、変容を捉えたりできる。結果として、Activ Panel を活用することで、教師と児童の対話が深まり、考えを広げ深めることができます。

　電子黒板を効果的に活用するには、指導のねらいや授業のゴールイメージを整理し、児童の実態に応じた工夫をすることが必要です。また、学びに向かう力を引き出し、思考を深めるためにも映し出す教

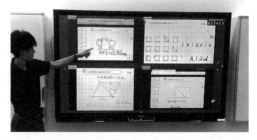

材を十分に吟味することが大切です。さらに、タイミングよく大画面に表示させ、そこから新たな発問をして児童と対話することで、より高い教育効果を生むことができると考えます。

レッスン **3**

メールの使い方に習熟しよう

1．PCメールを使う習慣を身に付けよう

　皆さんは、スマホを手にした中学・高校時代から友人との連絡はどのような手段で行っていただろうか？　おそらくほとんどの人がSNS（LINE、Twitter、Instagram等）を用いていたと思う。SNSは大変便利な連絡手段である。その特長としては、

- ・即時性があること
- ・読んだかどうかの確認がしやすいこと
- ・複数人で情報の共有がしやすいこと
- ・文字情報以外に、音声や写真、動画などが手軽に送れること

などが挙げられる。このため、友人間、特定のグループ間のコミュニケーション手段として非常に優れたツールであり、今後も積極的に使って欲しい。

　その上で、大学生になった皆さんは、PCメールを使うことも同時に必要になってくる。スマホ上のSNSだけではなく、加えてPCメールも日常的に使う習慣を身に付けて欲しい。

　PCメールの特長としては以下のようなことがあるだろう。

- ・必要に応じて長文を送ることができる
- ・PCソフトと連携して、Word、Excelなどの課題ファイルを手軽に送受信することができる
- ・送信、受信ともに長期（必要なら1年以上前のもの）保存が可能なため履歴を残しやすい
- ・メールアドレスは大学教員や多くの公共機関、企業が公開しているため問い合わせなどがしやすい
- ・端末やデバイスを変更してもメールにアクセスできる。

これらの特長は、すなわち SNS の弱点でもある。本来コミュニケーションツールである SNS は、学業や仕事のツールとしては機能が不十分である。つまり、大学生として授業を受けたり、社会と接したりする＝要するに「大人」としての連絡手段としては、SNS ではなく PC メールの方が圧倒的に優位であり、かつ現在でも主流だということを認識して欲しい。実際、あなたの授業を担当している先生でもメールアドレスを公開している人は多数いるはずだが、例えば LINE や Twitter の ID を公開している人は少ないだろう。

　また、本書を読む人は教職課程を履修しているはずである。1、2 年後には教育実習先の学校と連絡を取る必要がある。その時に、メールの基本的なルールやマナーを知らないためにトラブル（実習校からのクレームなど）が起きた事例も実際にある。どのようなツールもある程度使い慣れなければ、正しく使うことはできない。1 年生のときから、PC メールの使い方に慣れておく必要がある。

　本レッスンでは、そのための基本を述べていきたい。

2．自分のメールアドレスを取得しよう

　ここでは、まず自分のメールアドレスを取得して、基本的な使用ができるように準備をしていく。

○ 大学の公式メールアドレスを取得しよう

　多くの大学では、学生 1 人 1 人に学生用のアドレスを配布している。自分のメールアドレスを取得して、使用できるように準備していこう。

　皆さんはスマホを所持しているから、「もうメールアドレスは持っているから、別に大学のメールアドレスが無くても・・・」と思うかもしれない。しかしこれは誤りである。確かに友人間でメールをやり取りする場合には、後述するフリーメール（gmail など）でも構わない。しかし、例えば実習校に連絡する必要があってメールを送る場合を考えてみよう。

Yamayamada123taroo1234@gmail.com
○○中学校　校長先生
来年、実習でお世話になる予定の山田太郎です。行く予定だったボランティアですが、家庭の都合があるので止めることにしました。済みません。

　仮にこのようなメールが届いた場合、受け取った側は、これが本当に山田太郎君が出したメールなのかどうかを確認することができない。悪意のある誰かが山田君を陥れるために「なりすまし」をしている可能性もある。フリーメールのアドレスなど、自由に作ることができるからだ。

　メールアドレスは、以下のようにアットマーク@の前後に分けて確認することができる。アットマークより前（左側）は、学籍番号など個人に宛てられた英数字や記号で構成されていることが多く、アットマークより後ろ（右側）に表記されている下線部の部分は、ドメインとよばれている。**ドメイン**とは、インターネット上の住所表示であり、日本国内から発行されたアドレスの場合、最後（トップレベルドメイン）が **.jp**（ドットジェイピー）となっており、その前（セカンドレベルドメイン）は、学術研究機関や高等教育機関から発行されたアドレスの場合、**.ac**（ドットエーシー）となっていることが多い。下の例をみると、下線部が、ドメイン .ac.jp となっているため、日本の高等教育機関から発行されたものであることが分かる。

　　　例　12K3456@joho-u.ac.jp
　　　　　12X34567@kyoiku.ac.jp　｝下線部がドメイン

　大学から学生個人に配布されたアドレス（ドメインが大学になっているもの）ならば、パスワードが漏洩するなど特別な事情がない限り、間違いなく本人が出したメールであることが保証される。したがって、大学教員などの大人や学校・企業・社会との連絡をする場合は、こちらを使う習慣を身に付けたい。

　ただし、学生の場合、常に **PC** が手元にあり、利用できる環境とは限らない。そのため、通常、大学のアドレスには「**転送機能**」が付与されているはずである。それを使えば、大学のメールアドレス宛に送信されたメールは、スマホでも読むことが可能となる。メールアドレスの設定と同時に転送設定も行っておくことをお勧めする。

　もし、大学や所属機関から個人用のアドレスが発行されない場合は、Gmail（@gmail.com）や Hotmail（@hotmail.co.jp）などフリーアドレス（無料で作成できるアドレス）を取得することもできるので、自分のアドレスを作成して、プライベート用、大学・実習用などと使い分けるのもよい。アットマーク @ の前の部分（左側）は、自由度が高く作成ができるが、その際に気を付けたいのは、以下の例のようにむやみに長いメールアドレスや学生感覚で作成したメールアドレスは、その後使用しにくい場面も出てくるということである。アドレス取得の際は、気を付けよう。

例　soccer-daisuki7777777@○○○○.co.jp

zzz-_-itsumo-nemuiyo@○○○○.com

w0_0w@○○○○.ne.jp

　既述のとおり、メールアドレスを大学のポータルサイトに登録しておけば、急な連絡や重要事項が直接メールボックスへ届くので、外出先でも緊急のお知らせなどをスマホなどから確認できることもあるので、所属機関のネットワークにどのような機能があるか調べてセットアップしておこう。

3．きちんとメールを出せますか？
―スマホメールで麻痺しているマナー違反―

　連絡手段として便利なショートメッセージや無料アプリによるメッセージ送信機能があるが、教員との課題のやり取りや学外の実習、ボランティア先との打ち合わせなどでは、PCアドレスが使用されることが一般的である。みなさんは、基本的なメール送信ができているだろうか。自分のメール習慣を見直し基本的なメールのマナーを理解して、社会人として恥ずかしくないように失礼なくやり取りできるスキルを身に付けよう。

　そのためには、スマホからだけではなく<u>PCからメールを送信する習慣＝一日に数回はPCを開く習慣</u>、も併せて身に付けておきたい。PC上でメールを送受信するためには、通常メーラーというソフトを使う。WindowsやMacの場合、OSそのものにメーラーは附属しているのでそれを用いても構わないし、フリーのメーラーを使っても構わない。また、ChromeOSの場合だと、Web上でメールを読むことになる。いずれの場合でもスマホと異なり初期設定がいささか面倒ではあるが、大学生としてクリアすべき課題だと思って取り組んで欲しい。

・・・実習課題【やってみよう】・・・

①自分のメールアドレスを取得して、パスワードなどを設定しよう。

②PCやタブレット、スマホなどからも送受信できるようにセットアップしてみよう。

　本レッスンは短いが、この実習課題はそれなりに時間がかかると思う。事前に大学の「情報サポートセンター」のような名称の部署から、設定に必要な各種の情報を入手しておく必要があるので、準備をしておくこと。

では次に、実際にメールを作成、送受信する際の注意点を紹介する。一般的な最低限の項目のみまとめられているが、これらをマスターして失礼のないやり取りができるようにしよう。

○メール作成で特に気を付けること

① 送信する前に宛先を確認する。

To や CC（Carbon Copy）や BCC（Blind Carbon Copy）の使い分けはできますか？それぞれの用途を調べて、正しく「宛先」を使い分けよう。

② 「件名」は、分かりやすく簡潔に。

件名にメール内容だけでなく、差出人の所属・氏名などを入れると分かりやすい。

③ 文中に「差出人」を記載する。

どこにも記名がなく、誰からのメールか分からないメッセージも散見されます。まずは、所属・氏名を名乗ってから、本文を書くこと。また、メールの「署名」の機能を使って、自分の「署名」を入れてみよう。

④ 相手の立場で「本文」を読み直す。

主語述語の不適切な使用、長すぎる文章など意味の伝わらない箇所はないだろうか。必ず読み返して、何を伝えたいメールなのか本文を整理しよう。

⑤ メール受領の返信をする。

ID や電話番号などで気軽にメッセージが送信できるアプリメールとは異なり、PC メールでは「既読」「送信済み」がいつも表示されるわけではない。まずは、相手から連絡を受け取ったことを相手に伝えることもマナーである。そのうえで、後で改めて詳細な返信をすることも忘れずに行う。

⑥ 他の人のメールを勝手に引用、転送しない

自分が受信したメールを他の人へ見せたり、引用や転送をしたりする時には、必ずそのメールの差出人の許可をとること。それがエチケットである。

⑦ 友達感覚で深夜にメール送信しない。

メールを送信する時間やタイミングにも配慮できているだろうか。例えば、夜遅くに連絡をしなければいけない場合、どのような気遣いができるか考えてみよう。

・・・実習課題【やってみよう】・・・

担当の先生に PC メールを出してみよう。

　先に示したとおりメールをやり取りする際には、気を付けなければならない社会人としてのマナーが求められる。以下の例を参考にして担当の先生に課題提出や打ち合わせ、御礼などを想定した PC メールを出してみよう。

『件名』

| ○○課題について（○○学部 2 年○野○太） | 御礼（教育学科 2 年○田○子） |

『本文』－書き方、書き出しは？
例

| ○○先生（←必ず宛名を書く）

○○教科概論を受講しています○○学科 2 年○野○太です。
○○の課題を提出します。
よろしくお願いします。 | ○○学部
○○先生　（←必ず宛名を書く）

お世話になっております。
○○ゼミ合宿を担当している○○学部 3 年○田○子です。

次回打ち合わせの日時の件、メンバーに連絡しておきます。
よろしくお願いします。 |

○こんなメールを送っていないだろうか。

　学生さんから先生宛に送信されたメールの例である。

　どこがよくないか分かるだろうか？

　　　　　　　　　・学生から先生への問い合わせ

| ○月○日なんですが、ガイダンスかなにか教職のことで入っていますか。
何かあったような気がして。
よろしくお願いします。 |

・学生から先生への授業の欠席連絡

> すみませんが、体調が悪いので今日の授業は、欠
> 席します。

・先生からきたメールに学生が返信した例

> ○○合宿の次回打ち合わせは、○月○日○限に
> 行います。
> メンバーへの連絡をお願いします。
>
> 了解です。

　細かいルールが多く、少し難しく感じるかもしれないが、今後 PC メールで外部の人
たちとやり取りをすることが多くなるため、相手に失礼がないように送受信できるよう
練習していこう。

Word の活用基礎編

レッスン　**4**

　レッスン4では、Microsoft 社のワードプロセッサ（以下、ワープロ）Word（ワード）の使い方の基礎を学ぶが、あくまで校務処理やプリント作成など、学校における活用を前提にしたものである。目先の技術ではなく、教師としての文書表現力の向上を意識して学んで欲しい。

1．キーボードの操作・文字入力

■ Word とは？
　文章の作成、編集、印刷、保存などを行うためのアプリケーションソフトである。

（1）タッチタイピング
　パソコンに文字を入力するには、10本の指で入力するのが最も効率が良いとされている。特に、キーのなかで左手の「A, S, D, F」と右手の「J, K, L, ;」は、ホームポジション（タッチ

タイピングをしはじめる時の指の位置）といわれている。他のキーを押した後には、指を必ずここの位置に戻すようにする。

　タッチタイピングとは、手元、つまりキーボードのキーを見ないで、正しく文字を打ち込むことをいう。タッチタイピングは、パソコンを使う上で必要なスキルなので、練習用ソフトを利

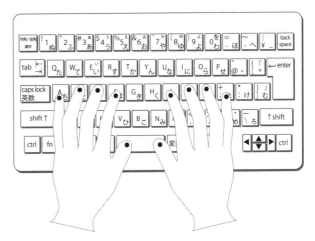

用して積極的に練習をしよう。まずは、キーボードを見ずに 50 音を入力できるように練習する。タッチタイピングは、無料で利用できる練習用ソフトをインターネットから検索、ダウンロードして使うことができる（検索例：「無料タイピング練習」など のキーワードを入力）。

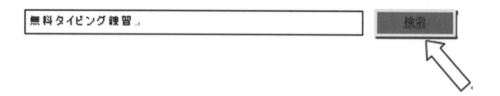

（2）ソフト（ウェア）キーボード

　言語バーにある IME パッドには「ソフトキーボード」という機能がある。これは、キーボードを実際に使わずに、マウスの操作だけで文字入力ができるものである。ソフトキーボードは、普段使う頻度が少ないが、キーボードが壊れた場合タブレット型パソコンで文字入力するなど緊急時には役に立つので、覚えておこう。

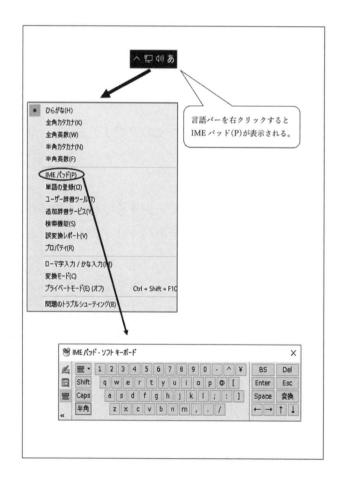

（3）スクリーンキーボード

　Windows パソコンのアプリケーション（以下、アプリ）のメニューの中に「スクリーンキーボード」という機能がある。これは、ソフトキーボードと同じようにキーボードが壊れた場合やタブレット型パソコンのようにキーボードがない時に使う。

（4）文字の入力方式

　キーボードから文字を入力するには、「ローマ字入力」と「かな入力」という 2 つの方法が ある。

①ローマ字入力

　ローマ字入力とは、日本語の読みを A（あ）、I（い）、U（う）のようにローマ字で入力する方法をいう。

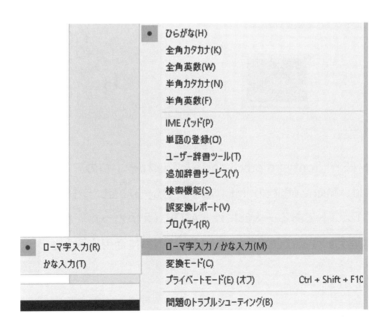

　言語バーを右クリックするとローマ字入力とかな入力が表示される。ローマ字入力が選択されているときは、ローマ字「A」キーを押すと「あ」と入力される。

② かな入力

　かな入力とは、日本語の読みをキーボードのキーに書かれたひらがな通りにキーを押して入力する方法である。かな入力が選択されているときは、ローマ字「A」キーを押すと、かなで「ち」と入力される。

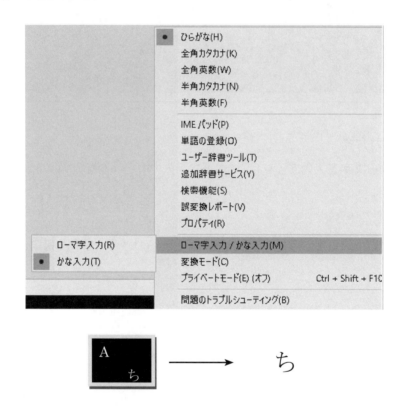

③ 日本語入力

　日本語入力は、FEP（front end processor）と呼ばれる1つのアプリになっている。日本語 入力ソフトには、Microsoft 社の IME（あいえむいー）という FEP が多く使 われる。一方、別のワープロソフトである一太郎には、ATOK（えいとっく）という FEP が使われている。ATOK 方式は連文節変換が便利なので、日本語入力に活用する人も多い。

●入力モード

　本テキストでは日本語入力には、IME を例に説明する。キーボードから入力できる文字は、全部で8種類ある（次項）。しかし、通常は、ひらがなで入力し、必要に応じて漢字やカタカナに変換する。言語バーにあらかじめ用意されている入力モードは5種類である。

● 入力できる文字の種類

① ひらがな：「ひらがな」を選択して入力する。

　あいうえお

② 漢字：「ひらがな」を選択して入力しキーボードのキーの中から変換（スペースキー）
　　キー を押して漢字に変換する。

　こうえん
　　　　　　　公　園

③ 全角カタカナ：「全角カタカナ」を選択して入力する。

アイウエオ

④ 全角数字：「全角英数」を選択して入力する。

１　２　３　４　５

⑤ 全角アルファベット：「全角英数」を選択して入力する。

ＡＢＣＤａｂｃｄ

⑥ 半角カタカナ：「半角カタカナ」を選択して入力する。

アイウエオ

⑦ 半角数字：「半角英数」を選択して入力する。

１２３４５

⑧ 半角アルファベット：「半角英数」を選択して入力する。

ＡＢＣＤａｂｃｄ

　入力モードは、言語バー以外にもキーボードのキーからも切り替えができるので、覚えておくと便利である。

半角/全角
に切り替えら
れる。

●覚えておくと便利なファンクションキー
・F7 キー：全角カタカナに変換される
・F8 キー：半角カタカナに変換される
・F9 キー：全角英数字に変換される
・F10 キー：半角英数に変換される

●手書き入力

　日本語を入力するとき、簡単に漢字で変換できない文字が出てくる場合がある。その場合、便利なツールが IME パットにある「手書き」入力である。使い方は、まず「言語バー」にある IME パットから「手書き」ツールをクリックし、マウスで入力したい漢字の文字を書く。文字を書き終わると手書き入力した文字の読み仮名が表示される。該当する文字をクリックすると選択文字が入力される仕組みになっている。

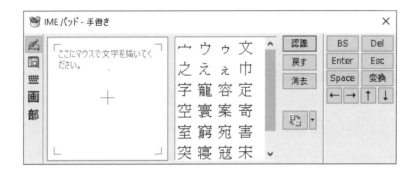

2．Word の基本操作

■ Word の画面構成

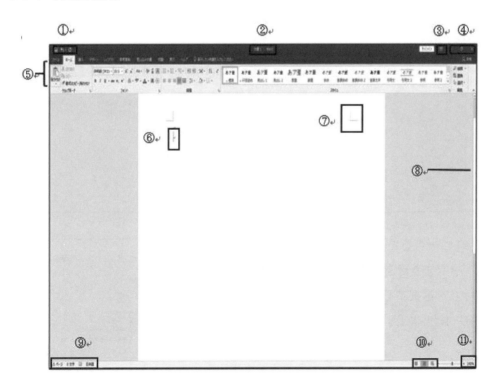

① クイックアクセスツールバー　　⑦編集記号（余白）
②タイトルバー　　　　　　　　　　⑧スクロールバー
③リボンの表示オプション　　　　　⑨ステータスバー
④ウィンドウの操作ボタン　　　　　⑩表示選択ショートカット
⑤リボン　　　　　　　　　　　　　⑪ズーム
⑥カーソル

（1）文章の入力方法

①文字列の削除

　入力した文字を削除、修正する場合は「DEL 」キーまたは「 BACK SPACE」キーを使う。削除したい文字列にカーソルをおき「 DEL」キーを押すとカーソルの後ろの文字が１文字ずつ削除されるが、「BACK SPACE 」キーの場合、その前の文字が削除される。

②文字をコピー・移動する

　入力してある文字や文章を、同じく別の場所に使うとき、または移動するとき便利な機能がコピーアンドペースト、カットアンドペーストである。

　●コピーアンドペースト

　まずコピーする文字または文章を選択し、「ホーム」タブまたはマウスの右クリックから「コピー」を選択する。

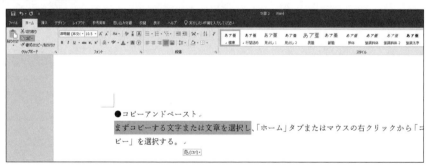

　次に、コピーする位置にカーソルを移動し「ホーム」タブまたはマウスの右クリックから「貼り付け」を選択すると選択した文字または文章が貼り付けられる。

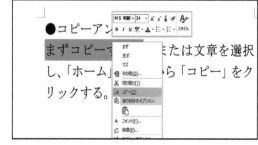

●カットアンドペースト

　まず、移動する文字または文章を選択して、「ホーム」タブまたはマウスの右クリックから「切り取り」を選択する。次に、貼り付けたい場所にカーソルをおき、「ホーム」タブまたはマウスの右クリックから「貼り付け」を選択する。

（2）ページ設定

　ページ設定は、用紙サイズや印刷の向き、余白、1 行の文字数、1ページの行数など文書の書式を設定するとき使う機能である。ページ設定は「レイアウト」タブの「ページ設定」グループから設定できる。

（3）レイアウト

①文字の配置

　行、段落に対して文字の配置を変更するとき使う機能である。

・a. 左揃え：文字を左端に配置する、手紙の宛名などに使う。

・b. 中央揃え：文字を中央に配置する、表題などに使う。

・c. 右揃え：文字を右端に配置する、日付、手紙の差出人、結語などに使う。

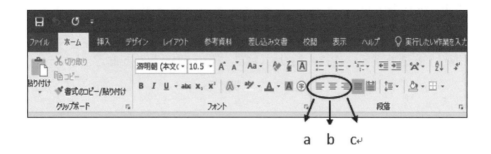

a　b　c↵

●インデント：段落単位で文字の並びの頭出しを右に下げる。

②フォント（書体）・フォントサイズ

　文字の形のことを「フォント」と言う。「ホーム」タブ「フォント」グループから選択する。「フォント」は、游明朝体、ゴシック体などたくさんの種類があるので、文書に合わせて選択する。

　フォントサイズは、「フォント」グループから変更できる。

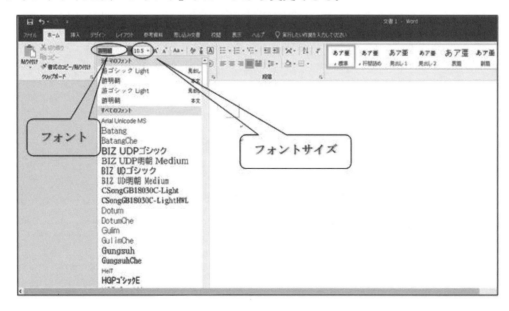

③太字・斜体・下線

　入力した文字を太くしたり、斜めに傾けたり、下線を付けて強調するとき使う。「ホーム」タブから設定できる。

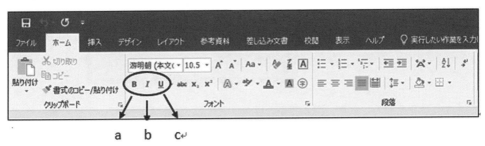

　　　　　a　　b　　c↵

a. 文字を太くする。↵
b. 文字を斜体にする。↵
c. 下線を付ける。↵

④均等割り付け

　文字列を指定した文字数分の幅で均等に配置することである。「ホーム」タブから「段落」グループにある「均等割り付け」をクリックする。Word 文書をよりキレイに見せることができるので、ぜひ覚えておこう。

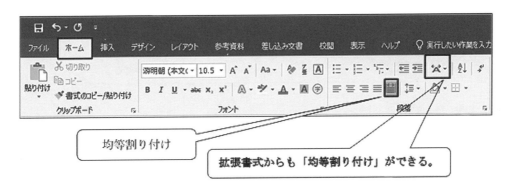

均等割り付け

拡張書式からも「均等割り付け」ができる。

　文字列の幅は文字数の多いところに合わせる。教科書の例では「お問い合わせ先」に合わせる。

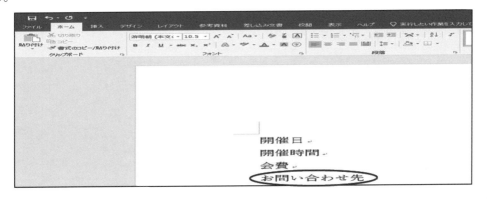

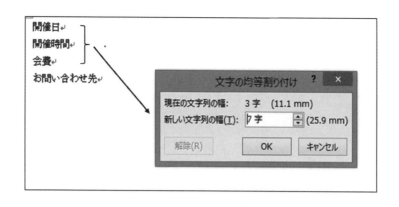

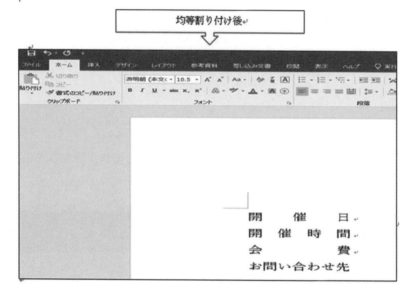

⑤箇条書き（段落番号、箇条書き）

　いくつかの項目を文章で表示するとき、その項目ごとに改行して表現することをいう。
「ホーム」タブから段落グループにある「箇条書き」ツールをクリックして選択する。

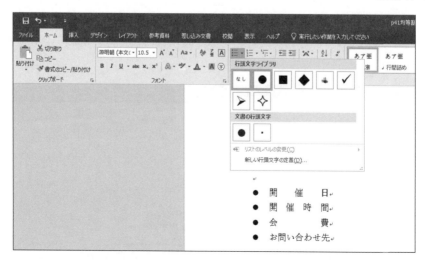

⑥ 段組み

　文章の配置でよく使われる。段組みする文字の範囲を選択状態にし、リボンの「レイアウト」タブをクリックする。その中から「段組み」コマンドをクリックし、作成した文章に適切な段組みを指定する。

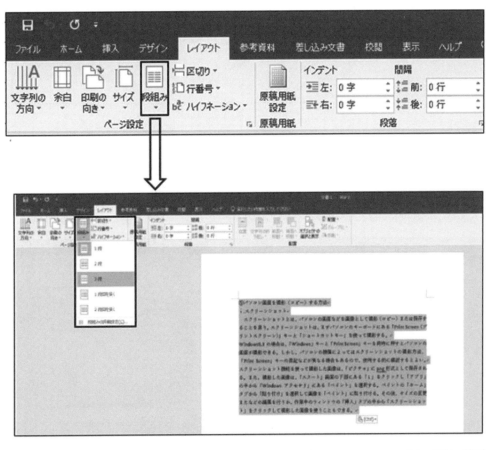

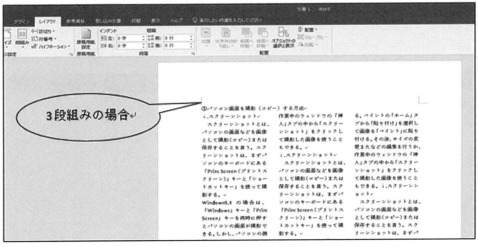

⑦ヘッダーとフッター

　タイトル、日付、作成者、ページ番号などの文字列や図を全ページの上下の部分に表示するための設定である。

●ヘッダーの挿入

　ヘッダーは、ページの上部にある文書の本文とは別の領域のことをいう。主に、タイトルや日付、作成者などを全ページにつける時に使う。

　「挿入」タブの「ヘッダーとフッター」グループから「ヘッダー」をクリックする。

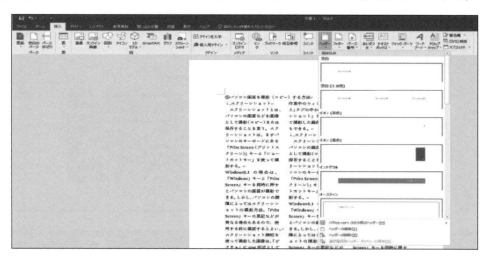

　[ここに入力] という表示が出たらタイトルなどを入れる。

Lesson
4

タイトルが入力される。

● フッターの挿入

フッターは、ページ下部にある本文とは別の領域のことをいう。主に文書の下部にページ番号などを入れる時に使う。

「挿入」タブの「ヘッダーとフッター」グループから「フッター」をクリックする。

⑧ ページ番号の挿入

ⅰ）「挿入」のタブから「ページ番号」をクリックする。

ⅱ）ページ番号を付ける位置を選択する。

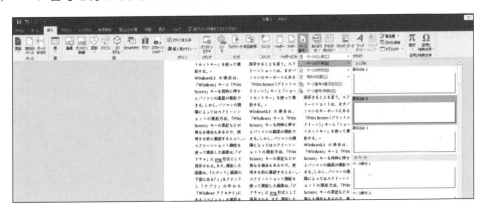

iii）ページ番号が挿入される。

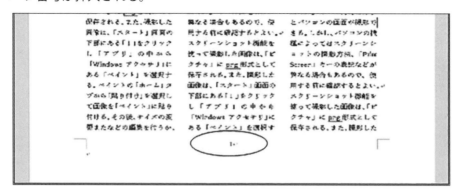

（4）文書の印刷

　作成した文書は、印刷イメージを確認してから印刷を行う。印刷イメージ確認は「ファイル」タブから「印刷」をクリックする。印刷イメージ確認が終わったら印刷を行う。

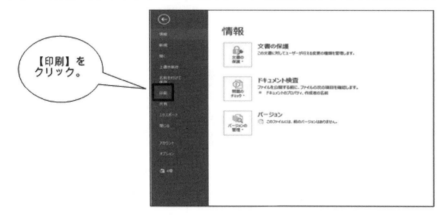

●印刷

作成した文書を印刷してみよう。

① 印刷部数と出力するプリンターの名前を確認する

②「印刷」をクリックする。

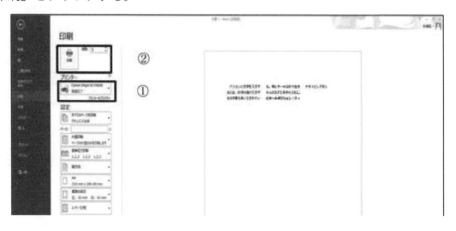

（5）ファイルと文書保存

　作成した文書は、名前をつけて保存する。

① 「ファイル」タブから「名前を付けて保存」をクリックする。

② 「参照」をクリックする。

③ 「デスクトップ」または「ドキュメント」に「名前を付けて保存」をクリックする。
　ファイルの保存場所は変更できる。ファイル名には、/ ¥ ＊＜＞？ " ｜：など半角の記
　号は使えない。

　●上書き保存

　すでに「名前を付けて保存」した後、文書の一部を編集し保存する場合は、クイックア
クセスツールバーの　をクリックすると「上書き保存」されるので、便利である。また、
Ctrl キーを押しながら S キーを押しても保存ができる。

では、ここまで理解ができたら文字を入力してみよう！

・・・実習課題【やってみよう】・・・

課題1　日本語（漢字かな混じり文）の入力の練習

Word を開いて次の文を入力しなさい。

・わかる　と入力して「分かる　解る　判る」と変換しなさい。

・かわる　と入力して「変わる　代わる　替わる　換わる」と変換しなさい。

・こうぎ　と入力して「講義　抗議　広義　厚誼　交誼　公儀　好誼」と変換しなさい。

・きかい　と入力して「機械　機会　器械　奇怪　喜界　貴会　棋界　気界」と変換しなさい。

・つける　と入力して「付ける　着ける　附ける　漬ける　点ける　突ける　就ける　浸ける」と変換しなさい。

課題2　文章入力の練習

Word を開いて次の文章を入力しなさい。

・貴社の記者が汽車で帰社した。

・坊主が屏風に上手に坊主の絵を描いた。

・隣の客はよく柿食う客だ。

・東京都特許許可局。

・少女ジャズシャンソン歌手による新春シャンソンショー。

・教室では静かにしてください。

・授業に遅れないようにしてください。

・授業中に私語は禁止です。

・優先席付近では、携帯電話の電源をお切りください。

・文字入力は、10 本の指で入力するのが最も良いです。

・授業時間外に教科書の予習、復習を必ず行うようにしてください。

・喫煙は本人の健康はもとより、他者の健康にも害を及ぼします。

文字入力が終わったら「実習課題」と名前をつけて保存しよう。文字入力が正確にできなかった人は、タッチタイピング練習を頑張ろう！

Word の活用応用編

レッスン **5**

1．学校校務文書の作成

　学校校務で欠かせない文書作成について学ぼう。学校では何かと文書を作成することが多い。対象別には、児童生徒へのお知らせ、学級だより、案内、教科のプリント、試験問題などがある。また、保護者向けには通知文書、各種報告などが想定される。その他、教員同士の職員会議資料や連絡文書、さらには指導計画や指導記録、通知票や指導要録など、文書作成はまさに教員にとって一番時間を費やす校務処理と言える。そこで大切なことは、情報の受け手（対象）の立場に立って、わかりやすく、読みやすい文書作成を心がけることである。これまで学んだ基礎的な技術を駆使して、よりよい文書作成を実習しよう。

（1）学級だよりの作成

　学校だよりとは、学級通信のようなもので、授業内容、クラスの雰囲気、クラス内の行事や発表、クラスの日程、お知らせなどを記した文書である。学校での子どもの様子や子どもの成長などが、学級だよりを読む保護者がわかりやすいように書く。

浜っこレッツゴー☆

○○市立西浜小学校

第４学年通信

新年度号

進級おめでとうございます!!

穏やかな日差しとともに、新しい年度が始まりました。いよいよ４年生です。

みなさん、進級おめでとうございます。４年生の教室は、昨年度より１つ上の階に上がって３階になりました。そして、新しい教室、新しい仲間、そして新しい担任のもとで、学校生活が始まりました。

始業式の日、たくさんの子が元気よくあいさつしてくれました。どの子も目がきらきら輝いていて、大きな希望に満ちあふれているように見えました。とても頼もしく見えました。

クラス替えをして、３クラス(学年スタッフ５名)でスタートすることになりました。新しい友だちも増えました。また、５名の教員のうち３名が３年生からのもち上がりとなり、２名が新たに本学年の学年団として加わりました。５名全員が４年生の学年担任と考え、児童１人ひとりをしっかり見つめ、指導をしたいと思います。チームワークよく団結して参りますので、どうぞよろしくお願いします。

■新しく学年団に加わりました。よろしくお願いします!■

２組担任　△田　△子

大好きなみんなと一緒に学習したり、遊んだりできることを楽しみにしています。

毎日楽しく通える学級づくりを目指します。どうぞよろしくお願いします。

副担任　□山　□太

３月に６年生を送り出し、４年生の仲間に入れていただくことになりました。

４年生の学年団として力いっぱい取り組んでいきます。一緒に頑張りましょう。

【４月行事予定】

7 日(月)　始業式・入学式

8 日(火)　午前中授業

9 日(水)　給食開始

16 日(水)　安全指導

18 日(金)　健康診断・レントゲン

21 日(月)　休業日

25 日(金)　保護者会

29 日(火)　みどりの日

30 日(水)　新入生を迎える会

・・・実習課題【作ってみよう】・・・

自分が学級担任になったと想定して、楽しい架空の学級だよりを作成してみましょう。

（2）保護者宛文書の作成

　学校が作成している文書はビジネス文書の書き方を基本としているので、ビジネス文書の書き方を参考に作成する。学校では各自治体ごとにある「文書作成規定」に沿って書くことが義務づけられている。

【保護者宛の文書作成のイメージ】

● 保護者宛の文書作成の一般的な手順

① 日付の入力

　日付は右揃えにする。

　　「例：令和○○年○月○日」

② 宛名の入力

　文書を受け取る側は、左揃えにする。

　「例：保護者各位、保護者の皆様など」

③ 発信者（作成者）名入力

　発信者の略称は使わない。責任の上位の人から順番に並べて右揃えにする。

「例：○○○学校校長　○○○○
　　　　○○○第1学年1組　担任　○○○○」

④ 件名の入力

　簡潔でわかりやすい言葉で件名をつける。件名のフォントは、日付、宛名、発信者名のフォントより大きくし、中央揃えにする。

　「例：○○○のお知らせ」

⑤ 挨拶文の入力

　まず、時候の挨拶など季節状況に応じて書く。学校教育に対する日ごろの協力などについての感謝の言葉を添える。

　「例：○○○の季節となってまいりました。皆様におかれましては〜お慶び申し上げます。日頃より本校の教育についてご理解とご協力をいただき、厚くお礼申し上げます。」

⑥ 本文の入力

　挨拶文と区別するため「さて」などの転語を入れる。

　「例：さて、○○○○を下記の通り実施いたします。皆様におかれましては、ご多用のことと思いますが万障お繰り合わせの上ご出席くださいますよう、お願いいたします。」

⑦ 箇条書きの入力

　本文の中に通知したい内容、仮に学級懇談会であれば、日時、日程、内容、場所などを入力する。これら箇条書き文書は、均等割り付けすると見栄えがよい。

　「例：1. 日　　　時
　　　　2. 場　　　所
　　　　3. 持　ち　物
　　　　4. 集 合 時 間」

⑧ その他注意事項などがあれば、「注意事項」、「お願い」などとして記入しておくとよい。

　「例：《その他のご注意》
　　　○昼食は図書室でおとり下さい。湯茶の用意があります。
　　　○校内は禁煙です。
　　　○児童はランチルームで給食です。参観は構いませんが、保護者と一緒に昼食はできません。」

⑨ 文書の最後に連絡先などを明記する。

　「例：(連絡先は、3年2組担任　○○　○○)」

・・・実習課題【作ってみよう】・・・

　保護者宛の案内文書を作成してみよう。 テーマ、内容は自由ですが、運動会のお知らせ、学習発表会、保護者会など学校の行事を想定して作成しなさい。

【保護者向けお知らせサンプル】

令和 4 年 11 月 2 日

○○小学校 3 学年 2 組保護者各位

　　　　　　　　　　　　　　　　○○小学校校長　　　○○　　　○○
　　　　　　　　　　　　　　　　第 3 学年 2 組担任　　△△　　　△△

令和 4 年度第二学期学級参観及び懇親会のお知らせ

　落ち葉の舞い散る季節となって参りましたが、保護者の皆様におかれましては、ご健勝のことと拝察いたします。日頃より本校の教育についてご理解とご協力をいただき、厚くお礼申し上げます。

　さて、このたび以下のように第二学期の学級懇談会を開催することといたしました。皆様におかれましては、ご多用のことと思いますが万障お繰り合わせの上ご出席くださいますよう、お願いいたします。

　1．日　時　　令和 4 年 11 月 14 日（月）　　午後 2 時より 4 時まで
　2．場　所　　3 年 2 組教室（参観）及びランチルーム（懇談）
　3．内　容　　2 学期の学習状況について、家庭での状況について

　なお、校内は禁煙となっておりますので、ご協力をお願いいたします。また、上履きのご持参をよろしくお願いいたします。

　　　　　　　　　　　　　　（連絡先は、3 年 2 組担任　　△△　　△△）

◆表の挿入

表の作成は、リボンの「挿入」タブの「表」コマンドを使う。

①表の作成方法

表の作成は、マス目を指定する方法、数値を入力する方法などがある。

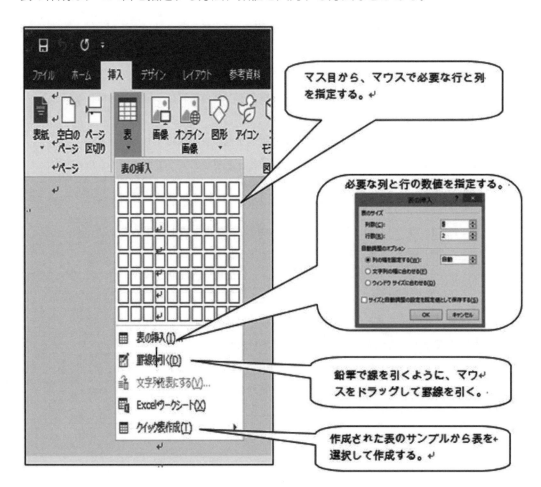

マス目から、マウスで必要な行と列を指定する。

必要な列と行の数値を指定する。

鉛筆で線を引くように、マウスをドラッグして罫線を引く。

作成された表のサンプルから表を選択して作成する。

② 表の編集

　表が作成されるとリボンに「表ツール」の「デザイン」タブと「レイアウト」タブが表示される。線の種類や罫線の削除など色々な編集ができる。

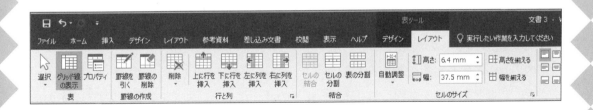

③ セルの結合と分割

　表の中の1マスを「セル」という。セルの分割と結合により、複雑な表を作成できる。「表ツール」のタブから「レイアウト」タブをクリックすると、セルの分割と結合ができる。

④ 行と列の挿入

　作成した表に行や列を挿入することができる。例えば、「氏名」の下に1行を挿入したい場合、1行目と2行目の境界線の左側をポイントすると境界線の左側に ⊕ が表示される。
　⊕ をクリックすると行が挿入される。

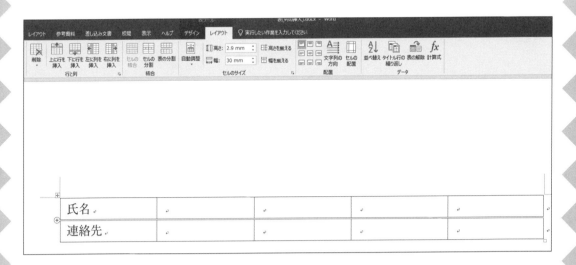

⑤ 表の文字・数値の入力

　表内の文字・数値を入力するセルにカーソルを置いて入力する。

⑥ セル内の文字の配置変更

　セル内の文字は、「表ツール」の「レイアウト」タブの「配置」グループから設定できる。

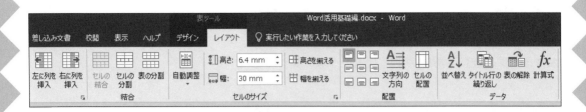

⑦ セルの塗りつぶしの設定

　表内のセルに色を塗ることができる。

　まず、色を塗るセルを選択して「表ツール」の「デザイン」タブをクリックする。そのあと「表のスタイル」グループの「塗りつぶし」をクリックして色を選択すると、セルに塗りつぶしが設定される。

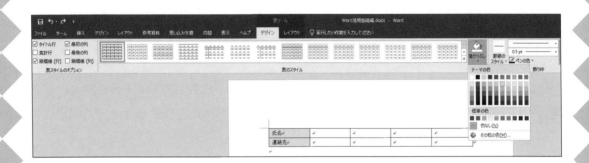

◆図・画像ファイル、デジカメ画像の取り入れ

　リボンの「挿入」タブをクリックすると「図」グループに図・画像を扱うコマンドが配置される。

①オンライン画像の挿入

　文字だけでなく、図・画像などを文書の中に取り入れると、わかりやすく視覚的な効果を得ることができる。オンライン画像とは、図・イラスト、写真などパソコンにあらかじめ用意されているものである。

　オンライン画像には、それぞれキーワードが付けられているので、目的に合ったキーワードを指定し、検索できる。ただし、画像を挿入する場合は、著作権などに気をつけて使用しよう。

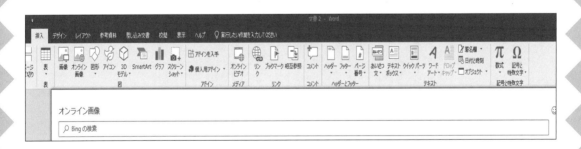

　オンライン画像の検索結果から挿入したい画像を選んで「挿入」をクリックすると、選んだ画像が挿入される。同時にリボンに「図ツール」の「書式」タブが表示される。

②文字列の折り返し

　文書の中にオンライン画像等を挿入した直後は、入れたい位置に移動ができない。オンライン画像を自由な位置に移動するには、「図ツール書式」タブから「配置」グループ「文字列の折り返し」を設定する。 初期の設定は「行内」になっているので、画像を文書のところに取り込むために は、「文字列の折り返し」をクリックし、「四角形」に設定する。

③描画オブジェクトの図形の扱い

　図形は、「挿入」タブをクリックし「図」グループから「図形」コマンドのプルダウンリストから選ぶことができる。

④図の挿入

　デジタルカメラやスマートフォンで撮影した画像などを文書に取り入れることができる。「挿入」タブを選択して、「図」グループから「画像」をクリックする。

　「図の挿入」ダイアログボックスが表示されたら、画像が保存されているフォルダー（ピクチャー）を選択 する。フォルダーの中から挿入したい画像をクリックして、ツールから「挿入」タブをクリックする。

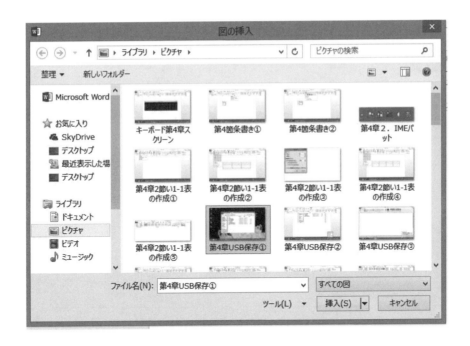

　画像が挿入されたら、オンライン画像挿入と同様「文字列の折り返し」を四角形に変更する。

◆パソコン画面を撮影（コピー）する方法

①スクリーンショット

　スクリーンショットとは、パソコンの画面などを画像として撮影（コピー）または保存することをいう。スクリーンショットは、パソコンのキーボードにある「Windows」キーと「Print Screen（プリントスクリーン）」キーを使って撮影する。

　Windows 11 の場合は、「Windows」キーと「Print Screen」キーを同時に押すとパソコンの画面が撮影できる。しかし、パソコンの機種、Windows のバージョンによっては「スクリーンショット」の撮影方法、「Print Screen」キーの表記などが異なる場合もあるので、使用する前に確認するとよい。

　「スクリーンショット」機能を使って撮影した画像は、「ピクチャ」フォルダーに「png 形式」として自動的に保存される。

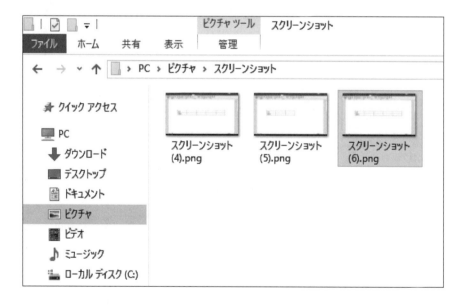

　また、撮影した画像は、ペイントからサイズの変更などの編集を行うか、作業中のウィンドウの「挿入」タブの中から「スクリーンショット」をクリックして撮影した画像を使うこともできる。

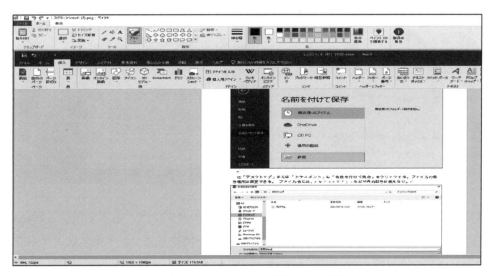

【スクリーンショットで撮影した画像】

② Snipping Tool

「Snipping Tool」は、パソコン画面の一部または全体を自由に選択して使うことができる。

Windows 10 の場合は、「スタート」ボタンの検索ボックスに「Snipping Tool」と入力して「Snipping Tool」を選択する。しかし、パソコンの機種、Windows のバージョンによっては「Snipping Tool」の後続となる「切り取り & スケッチ」と表示される場合もあるので、使用する前に確認するとよい。

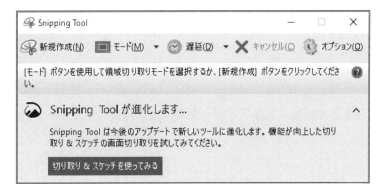

まず、撮りたいパソコン画面に「Snipping Tool」を起動した状態で「新規作成」タブをクリックする。

その後、パソコン画面の切り取り領域をマウスでドラッグしてキャプチャ（画面の取り込み）すると選択した画像が「Snipping Tool」のウィンドウに表示される。

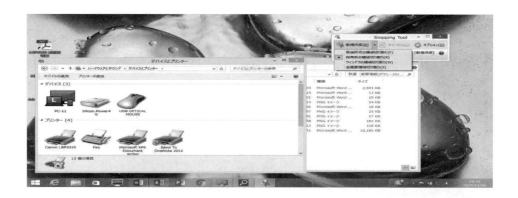

　画像を保存する場合は、「Snipping Tool」のファイルタブから「名前を付けて保存」を選択し、保存先をパソコンの中の「ピクチャ」フォルダーにする。ファイル名は「キャプチャ」と表示される。スクリーンショットと同様「png 形式」として保存される。

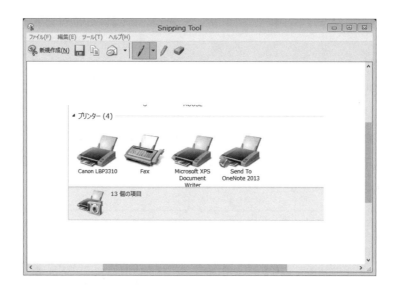

　パソコンの画面などを撮影・保存する場合も著作権に注意して使おう。

<参考・引用文献>
富士通エフ・オーエム株式会社、よくわかる Microsoft Word 2019 基礎、FOM 出版、2019
富士通エフ・オーエム株式会社、よくわかる Microsoft Word 2019 & Microsoft Excel 2019 & Microsoft PowerPoint 2019 、FOM 出版、2019

50

帝京大学小学校　柄澤　周

　体育の学習ではICTを効果的に活用することで、より、主体的・対話的で深い学びを保証し、「知識・技能」「思考力・判断力・表現力等」「学びに向かう力・人間性」の３つの資質や能力を育むことが重要になります。課題解決の学習過程のどこで、どのように活用していくかという明確なプランニングが大切です。

　体育の授業は「学習指導」「マネージメント」「運動学習」「認知学習」で構成されています。ICTの利活用により、「認知学習」が増えている傾向にありますが、「運動学習」で運動の質と量をしっかりと確保し、児童一人一人が身体を通して思考する時間を単元内に位置づける必要があります。

【写真１】ポイントタイム

　これまでの授業では、自己の動きを撮って、確認することが多かったように感じています。今回、活用した運動支援アプリは、それに加え、自己の学習目標や活動映像の蓄積、毎回の振り返りなどを記録することができます。また、示範動画を授業前に自宅で見るなど、反転学習としても活用できることが特徴です。

　５年生の跳び箱運動では中央教育審議会答申（2016）の「体育科・保健体育科（運動に関する領域）における学習過程のイメージ」をもとに３つの学習過程を作成しました。今もっている力で取り組む「ポイントタイム」、目標に向け運動課題とその解決方法を知る「共有タイム」、運動に取り組みながら課題解決を図る「チャレンジタイム」を一単位時間内で行い、課題の解決を目指します。「ポイントタイム」ではアプリの映像から、課題を発見し、共有タイムでは示範動画との違いや友達との動きを確認し、課題を明確にし

【写真２】共有タイム

てチャレンジタイムに取り組みます。学習のまとめではもう一度撮影することで、一単位時間の振り返りができます。

　単元の前半では、撮影することに精一杯だった児童が、徐々に撮影の視点を変えていき「踏み切り」「着手」「空中姿勢」「着地」といった跳び越すためのポイントを発見していきます。【写真２】の共有タイムでは、自己の動きを振り返り示範動画と見比べて課題を設定します。

　単元後半では、【写真３】のように動きがダイナミックに変容している児童が多くみられ、跳び箱運動を通して、３つの資質・能力が育まれていることが分かります。

【写真３】チャレンジタイム

レッスン **6**

Excel の基礎編
（校務中心）

　この章では、MicrosoftOffice の表計算ソフト Excel（以下、Excel）の活用方法について学んでいく。レッスン 6 からレッスン 8 は、幅広く記載されているため取り上げる内容を適宜選択しながら進めよう。

1．Excel にできること

　Excel は、「**セル**」と呼ばれる枠に文字や数値などのデータを入力し、表を作成したり、表計算を行っていくものである。例えば、すでに学習した Word では、表を作成し数値を重ねて打ち込んでも、その都度計算をして値を修正しなければならないが、Excel では、表内に計算式を一度入力してしまえば、表内の値を変えても、**自動的に再計算**してくれる便利なソフトである。

　さらに、このデータを使用して、様々なグラフやデータ分析をすることができる。学校現場では、住所一覧表、成績、出席簿、委員会、通学班、学級会計など**一覧表を作成することが非常に多い**。また、このグラフや分析の結果は、そのまま Word に貼り付けることができるため、学校現場の校務や児童・生徒指導において欠かせないソフトとなっている。Excelを使いこなし、効率的な作業、指導を行えるようになろう。

2．Excel の起動

　Excel の起動は、Word と同じく、デスクトップにあるアイコンをクリックするか、スタートボタンから Excel を検索して使用する。

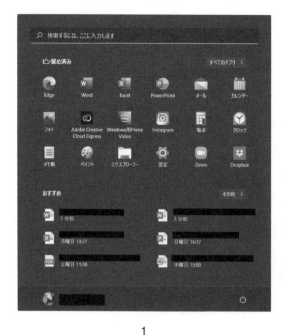
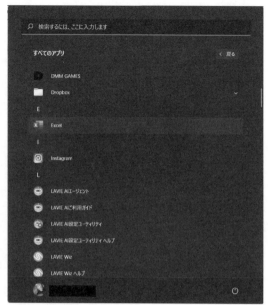

1   2

検索バーに Excel と入力するか、すべてのアプリの中から検索する。

3．画面構成と名称

　Excel を起動すると次のような画面が表示される。OS や Excel のバージョンによって若干の差や仕様の違いがあるが、一般的に共通性の高いものになっている。

　よく使用する代表的な各部分を次に示す。基本的な名称や機能を覚え、作業に応じて Excel を使いこなせるようにしよう。

　Excel では、データを入力する枠が表示される。これを「**セル**」とよび、ここにデータや数値を入力する。この「セル」の場所をわかりやすくするために、縦軸と横軸にアルファベットと数字が入っている。数字が入っている縦軸を「**行番号**」、アルファベットの入っている横軸を「**列番号**」という。これら 2 つの番号を合わせてセルの並びを表す（**セル番地**）。セルの移動は、マウスで選択をするか、矢印キーで移動することができる。

　「**セル**」にカーソルを当て、左クリックをすると「選択」された状態になり、これを「アクティブセル」と呼ぶ。黒く縁取りされたセルがそれに当たる。「セル番地」で示すと「A1」となる。

【Excel の基本画面】

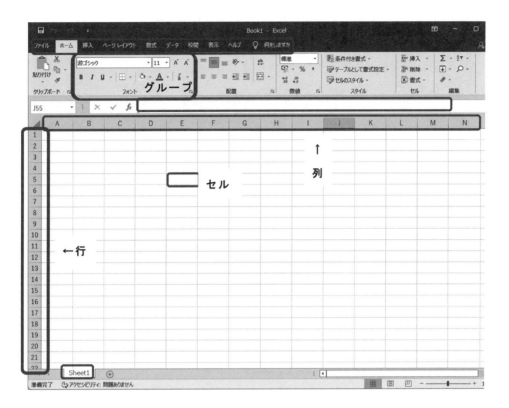

Lesson
6

　セルを縦横に並べた表全体のことを「**ワークシート**（またはシート）」とよび、複数の
シートを 1 つのファイルにまとめることができる。図では、「Sheet 1」「Sheet 2」「Sheet 3」
とあり、それぞれ別のデータを集計処理、保存することができる。また、この名称を変え、
クラスごと、学年ごと、委員会ごと、または年度ごとなど、工夫しながら用途に合わせて
データを保存することができる。

　様々な機能のコマンドボタンの集まりを「**グループ**」という。これも基本的には Word と
同様の使い方で操作できる。「フォント」グループ、「配置」グループ、「編集」グループな
ど機能ごとにまとまっている。行いたい作業がどのグループの機能を使えばよいか、判断で
きるようになろう。

基本的な名称と作業は習得できましたか？　練習しながら確認しましょう。
① D3 のセルに自分の名前を入力しよう。
② D2 に自分の学籍番号を入力しよう。
③ D4 に自分の学部・学科を入力しよう。
④ セルの幅を調節して（広くして）見やすくしてください。
　　（→上のアルファベットが書いてあるところにマウスカーソルを持って行き、ド
　　ラッグすると列の幅が変わる）
⑤ D3 を A1 にコピーしよう。
⑥ D2 を E7 にコピーしよう。
⑦ D4 の文字の色を変えよう。（方法は、Word と同様です。）
⑧ D5 に本授業担当の先生の名前を入れて、セルの色を好きな色に変えよう。
　　（セルを選択後、「フォント」グループから）

４．Excel の終了とファイルの保存

　Excel の終了、ファイルの保存方法は、Word と同じ作業となる（Word 参照）。ファイル
の保存方法を、再度確認しよう。

５．Excel の基本的な使い方

　ここでは、Excel の基本的な使い方を、実際にいくつかの一覧表を作成しながら学んでい
こう。

・・・実習課題【やってみよう】・・・

時間割を作成しよう。

　Wordで学んだフォント機能などの技術にExcelの機能を加えて、より見やすい表を作成しよう。

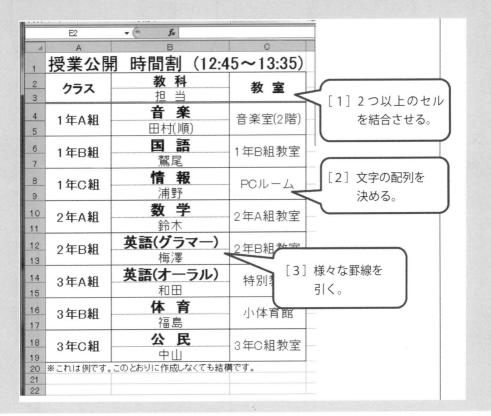

（1）2つ以上のセルを結合させる

① 結合させたいセルを選択する。

②「**配置**」グループまたは右クリック「**セルの書式設定**」配置タブから、セル結合やその中に配置する文字の表示のさせ方を選択する。

「**配置**」グループ内のセルの統合
ボタンを利用する場合は、ここを
操作する。
罫線を引きたいセルを選択してか
ら操作する。

（2）文字の配列を決める

① 「**配置**」グループまたは書式設定で文字の配列を調整する

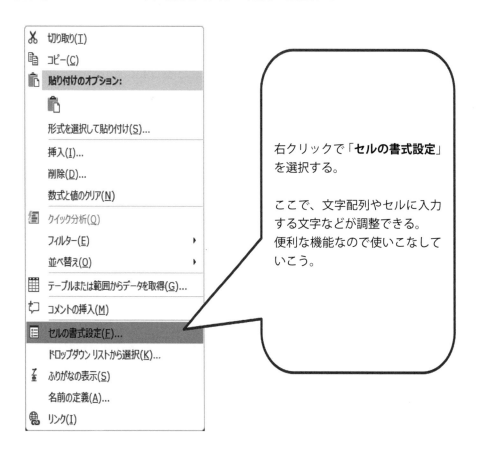

右クリックで「**セルの書式設定**」
を選択する。

ここで、文字配列やセルに入力
する文字などが調整できる。
便利な機能なので使いこなして
いこう。

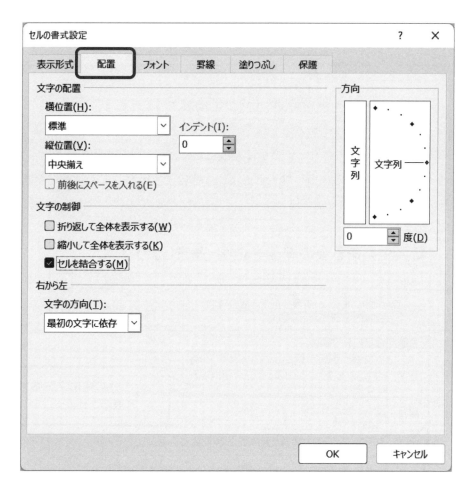

Lesson
6

(3) 様々な罫線を引く

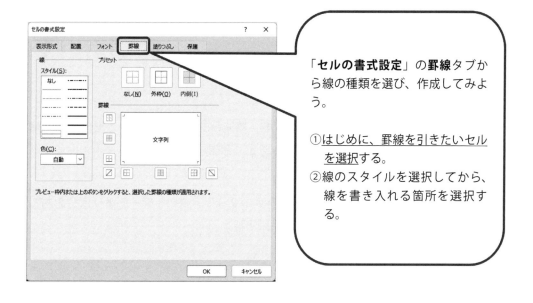

「**セルの書式設定**」の**罫線**タブから線の種類を選び、作成してみよう。

①はじめに、罫線を引きたいセルを選択する。
②線のスタイルを選択してから、線を書き入れる箇所を選択する。

6. 表の中に文章をバランスよく入力しよう

・・・実習課題【やってみよう】・・・

作表の基本操作が習得できたら、さらに発展させて行事の分担表の作成を行おう。

もちろん、このとおりに作表しなくてもよい。各自学校行事や学級活動を踏まえて、工夫した分担表を作成してみよう。

	分担	仕事の内容	担当者		
			新入生を送る会の準備を企画・運営しよう		
1	会場	会場の演壇、いす等の配置と数の確認。会場内清掃とワックスがけ	吉田	牧野	加藤
2	装飾	会場内外の装飾。	長島		
3	音楽	入退場の音楽の選定とBGMの選定。児童(生徒)の合奏・合唱指導と当日の指揮者及び伴奏			
4	進行	進行台本の作成と、当日の計時。			
5	放送	マイク、スピーカの確認と音楽放送の準備。	谷口	田中	
6		全体の進行の把握、当日の調整	鈴木		

［2］セルの中に文を見やすく表示させよう。

［1］繰り返しのあるデータを入力しよう。

［3］結合したセルに斜めの罫線を引く。

（1）繰り返しのあるデータを入力しよう

Excel の便利な機能の１つに「オートフィル」機能がある。児童生徒の出席番号や体育大会のリレーの走順、成績順位など、連続した数字、英字、日付などを入力するときに役に立つ機能である。

例えば、1, 2, 3, 4・・・と入力したい場合や 1, 2, 3, 1, 2, 3・・・・と繰り返しのあるデータを入力したい場合など使い分けをすることができる。

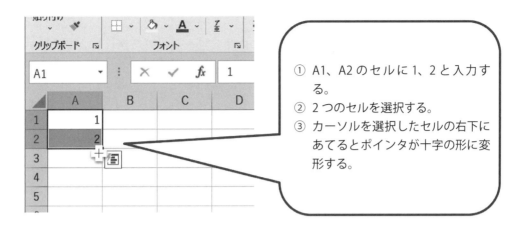

① A1、A2のセルに1、2と入力する。
② 2つのセルを選択する。
③ カーソルを選択したセルの右下にあてるとポインタが十字の形に変形する。

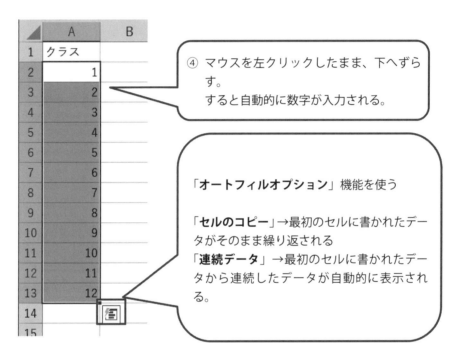

④ マウスを左クリックしたまま、下へずらす。
　すると自動的に数字が入力される。

「**オートフィルオプション**」機能を使う

「**セルのコピー**」→最初のセルに書かれたデータがそのまま繰り返される
「**連続データ**」→最初のセルに書かれたデータから連続したデータが自動的に表示される。

　図のように連続した数字を表示させたい場合は、「**連続データ**」を選択する。

　「1.2.1.2……」と「1.2」のデータを繰り返して表示させたい場合は、「**セルのコピー**」を選択する。

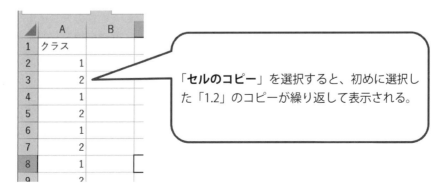

「**セルのコピー**」を選択すると、初めに選択した「1.2」のコピーが繰り返して表示される。

（2）セルの中に文を見やすく表示させよう

　表内に説明文章を入れるときなど、文字がセル内に入りきらず表示されない場合がある。表示させたい文字をセル内に表示させるときに使用する機能。

（3）結合したセルに斜めの罫線を引く

　前項で学んだセルの結合機能をさらに応用させたもの。

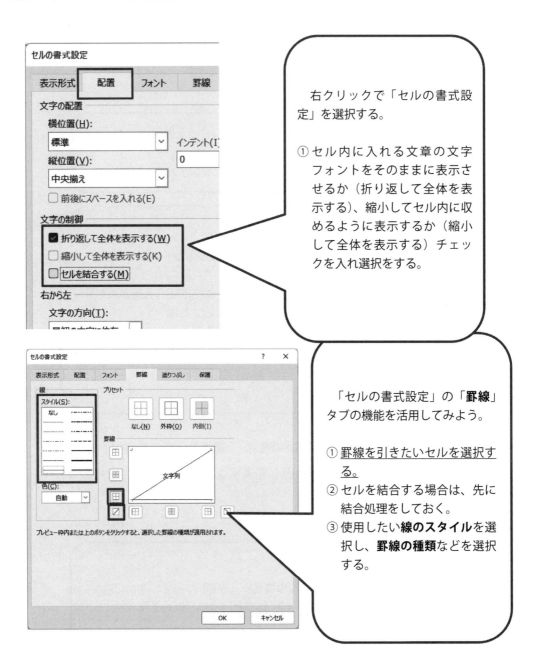

　右クリックで「セルの書式設定」を選択する。

① セル内に入れる文章の文字フォントをそのままに表示させるか（折り返して全体を表示する）、縮小してセル内に収めるように表示するか（縮小して全体を表示する）チェックを入れ選択をする。

　「セルの書式設定」の「**罫線**」タブの機能を活用してみよう。

① 罫線を引きたいセルを選択する。
② セルを結合する場合は、先に結合処理をしておく。
③ 使用したい**線のスタイル**を選択し、**罫線の種類**などを選択する。

7．簡単な計算をしてみよう

Excel は表計算ソフトであるため、**関数機能**を利用すると早く正確に計算処理が可能になる。しかしここでは、関数を使用する前に、数式のルールを覚えていこう。

関数を使う前に－計算をしてみよう－

数式入力のルール。「半角」で入力すると「数式」である命令

＋（足し算）→＋（プラス）　　　　　　　－（引き算）→－（マイナス）

×（かけ算）→＊（アスタリスク）　　　÷（割り算）→／（スラッシュ）

＝（解、等しい）→＝（イコール）

【アクティビティ】

セルの中で計算してみよう。

①セルを一つ選択する。

②数式バーに、数式を入力する。

　　　例：125 × 20 は、=125 ＊ 20 と入力。初めに「＝」を入力することがポイント‼

　　　これでデータではなく「数式」であることが命令される。

③リターンキー（エンターキー）を押すと数式の解が出る。

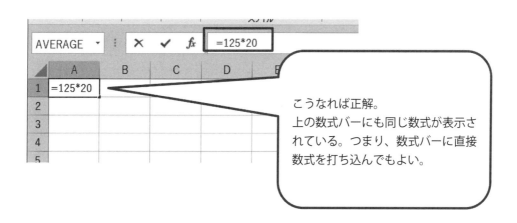

こうなれば正解。
上の数式バーにも同じ数式が表示されている。つまり、数式バーに直接数式を打ち込んでもよい。

・・・実習課題【やってみよう】・・・

① 1680 ÷ 3 の解を B3 に表示させよう。

②周りの学生同士で問題を出し合ってみよう。

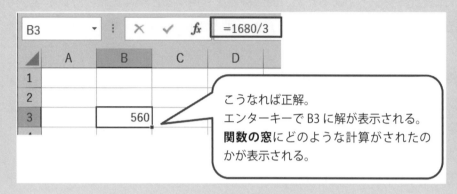

こうなれば正解。
エンターキーで B3 に解が表示される。
関数の窓にどのような計算がされたのかが表示される。

・・・実習課題【やってみよう】・・・

関数を使ってみよう。

① A1 に「100」、A2 に「150」、A3 に「330」と入力。

② A4 に「=」（半角）を入力する（数式であることの命令）。

③「=」、「A」、「1」、「+」、「A」、「2」、「+」、「A」、「3」と入力してリターン。

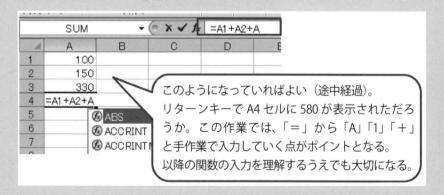

このようになっていればよい（途中経過）。
リターンキーで A4 セルに 580 が表示されただろうか。この作業では、「＝」から「A」「1」「+」と手作業で入力していく点がポイントとなる。
以降の関数の入力を理解するうえでも大切になる。

次に、

④ A5 に「=」を入力する。

⑤ A1 のセルをクリック、「+」、A2 をクリック、「+」の順で作業をする。

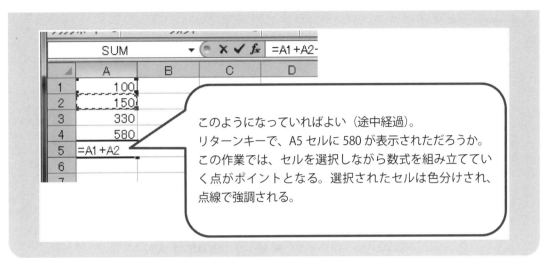

このようになっていればよい（途中経過）。
リターンキーで、A5 セルに 580 が表示されただろうか。
この作業では、セルを選択しながら数式を組み立ててい
く点がポイントとなる。選択されたセルは色分けされ、
点線で強調される。

Lesson
6

ここまでは、手作業で簡単な計算を練習した。

ここから、「関数」機能を利用して同じ計算をしてみよう。

・・・実習課題【やってみよう】（つづき）・・・

SUM 関数を使うと、集計が簡単にできる。

⑥ A6 セルを選択し、数式バーの関数ボタン「f_x」を押す。

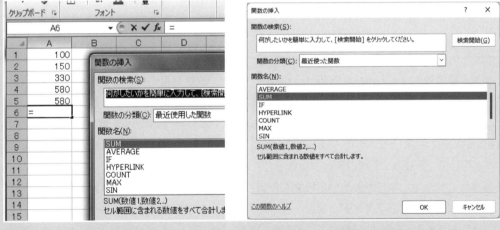

⑦ 「関数の挿入」の数式パレットが開いたら、「SUM」を選択する。

⑧ A1 から A3 までを選択（ドラッグ）する。

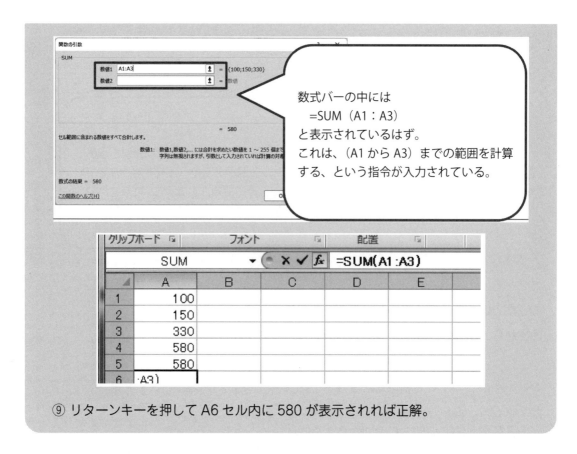

数式バーの中には
　=SUM（A1：A3）
と表示されているはず。
これは、（A1 から A3）までの範囲を計算
する、という指令が入力されている。

⑨ リターンキーを押して A6 セル内に 580 が表示されれば正解。

　このように、関数機能を使わず計算をする方法も必ず初めに練習しておくこと。数式バー
に示されている数式の意味や仕組みを理解してから「関数」を利用することが重要。

　学校現場で最も多く Excel を利用する場面の１つが、試験結果のデータ処理や成績処理である。膨大なデータを正確に、かつ迅速に処理することが求められている。例えば、小テストを合計して、期末テストと合算させたり、順位や平均点、クラス全体の平均点を算出したりする作業は日常的に行われている。また、担当するクラスや学年の人数が多ければ多いほど、Excel の機能を活用して、迅速かつ正確なデータ処理をしていく必要がある。

　筆者はこれまで、学年をまたいで授業を担当していた経験があり、定期試験の前後には合計500 名を超える生徒の小テスト、課題、プレゼン評価、定期考査などの成績を短期間で処理していたことがある。合計点を算出し、成績順に評価を付していかなければならないが、新任の当時は Excel の扱いにも不慣れで作業の時間もかかり、手間取っていたことを思い出す。それでも、定期的に作業を繰り返しながら、少しずつ技術を身に付けていった。

　学生の皆さんの中には、Excel 操作に苦手意識を持っている人もいるかもしれないが、少しでも Excel の機能についての知識と技術を身に付け、どの機能がどのような場面で役立つのか、どのように活用できるのかを考えながら、教壇に立つ準備をしていってほしい。

次は、もう少し実践に近づけたかたちで簡単な表計算の練習をしてみよう。

・・・実習課題【やってみよう】・・・

① A列に、生徒の氏名を、最後に「平均点」と入力します。
② 1行目に、「氏名」・テストの回数・「総得点」・「個人平均点」と入力します。
　生徒の人数やテストの回数などは自由でいいです。

Lesson
6

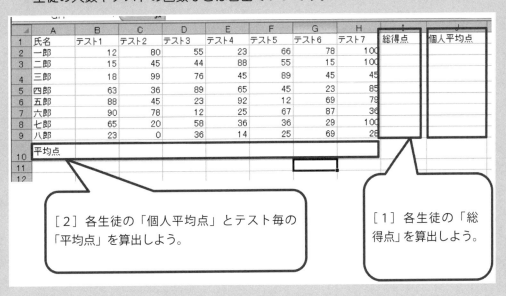

［2］各生徒の「個人平均点」とテスト毎の「平均点」を算出しよう。

［1］各生徒の「総得点」を算出しよう。

（1）各生徒の「総得点」を算出してみよう

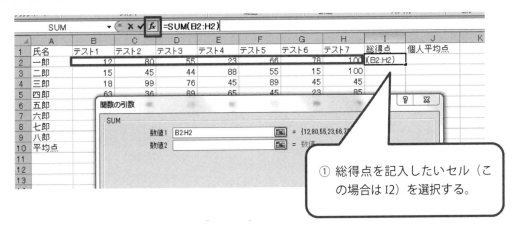

① 総得点を記入したいセル（この場合は I2）を選択する。

②関数バーの関数ボタン「f_x」を押す。
③ 加算したいデータのあるセルを選択する（この場合は、B2 から H2）。

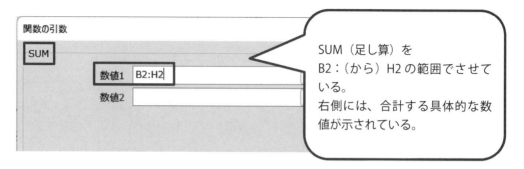

関数の引数

SUM

数値1　B2:H2

数値2

SUM（足し算）を
B2：（から）H2 の範囲でさせて
いる。
右側には、合計する具体的な数
値が示されている。

④「オートフィル」機能で、同様の計算をさせる。

　「一郎」同様、次郎以下も同様の関数を用いる場合、前出の「オートフィル」機能を利用することができる。

	I2		*fx*	=SUM(B2:H2)					
	A	B	C	D	E	F	G	H	I	J
1	氏名	テスト1	テスト2	テスト3	テスト4	テスト5	テスト6	テスト7	総得点	個人平均点
2	一郎	12	80	55	23	66	78	100	414	
3	二郎	15	45	44	88	55	15	100		
4	三郎	18	99	76	45	89	45	45		
5	四郎	63	36	89	65	45	23	85		
6	五郎	88	45	23	92	12	69	79		
7	六郎	90	78	12	25	67	87	36		
8	七郎	65	20	58	36	36	29	100		
9	八郎	23	0	36	14	25	69			
10	平均点									
11										

　SUM で算出した解の表示されているセルの右下にカーソルを合わせ、左クリックをしたまま下方へずらす。または、セルの右下にカーソルを合わせた後、左クリックする。

	I2		*fx*	=SUM(B2:H2)					
	A	B	C	D	E	F	G	H	I	J
1	氏名	テスト1	テスト2	テスト3	テスト4	テスト5	テスト6	テスト7	総得点	個人平均点
2	一郎	12	80	55	23	66	78	100	414	
3	二郎	15	45	44	88	55	15	100	362	
4	三郎	18	99	76	45	89	45	45	417	
5	四郎	63	36	89	65	45	23	85	406	
6	五郎	88	45	23	92	12	69	79	408	
7	六郎	90	78	12	25	67	87	36	395	
8	七郎	65	20	58	36	36	29	100	344	
9	八郎	23	0	36	14	25	69	28	195	
10	平均点									
11										

　上記の操作方法では、A 列に入力されているデータ（この場合は、生徒氏名）を Excel が判断し、「八郎」まで同様の関数を用いてデータ処理してくれる。

　この例のように、児童生徒が 8 名のみであれば、前者の方法（左ボタンでカーソルを下方へ移動する）でも充分算出可能であるが、担当している生徒数が数百人単位になると、デー

タが Excel のシートのはるか下方まで続くことになる。すると、作業もしにくくなるため、十字マークが出たらダブルクリックをするとデータの入っているセルの行まで同じ作業を自動的にしてくれる。

（2）個人平均点とテストごとの平均点を算出しよう

① 平均点を記入したいセルを選択する（この場合は J2）。

Lesson 6

	A	B	C	D	E	F	G	H	I	J
	氏名	テスト1	テスト2	テスト3	テスト4	テスト5	テスト6	テスト7	総得点	個人平均点
2	一郎	12	80	55	23	66	78	100	414	
3	二郎	15	45	44	88	55	15	100	362	
4	三郎	18	99	76	45	89	45	45	417	
5	四郎	63	36	89	65	45	23	85	406	
6	五郎	88	45	23	92	12	69	79	408	
7	六郎	90	78	12	25	67	87	36	395	
8	七郎	65	20	58	36	36	29	100	344	
9	八郎	23	0	36	14	25	69	28	195	
10	平均点									
11										

② 関数から AVERAGE を選択する。

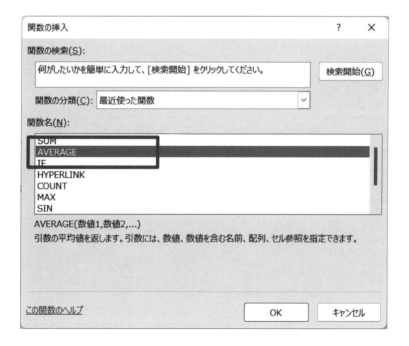

③ 計算させる範囲（この場合は、B2 から H2 の範囲）を指定する。

④「OK」を押す。

関数の引数

AVERAGE

数値1	B2:H2	⬆	= {12,80,55,23,66,78,100}
数値2		⬆	= 数値

ここで表示される［B2　：　H2］は、B2　から　H2　までの範囲という意味

= 59.14285714

引数の平均値を返します。引数には、数値、数値を含む名前、配列、セル参照を指定できます。

数値1: 数値1,数値2,... には平均を求めたい数値を、1 から 255 個:

AVERAGE ▼ × ✔ fx =AVERAGE(B2:H2)

	A	B	C	D	E	F	G	H	I	J	K
1	氏名	テスト1	テスト2	テスト3	テスト4	テスト5	テスト6	テスト7	総得点	個人平均点	
2	一郎	12	80	55	23	66	78	100	414	=AVERAGE(B2:H2)	
3	二郎	15	45	44	88	55	15	100	362	AVERAGE(数値1, [数値	
4	三郎	18	99	76	45	89	45	45	417		
5	四郎	63	36	89	65	45	23	85	406		
6	五郎	88	45	23	92	12	69	79	408		
7	六郎	90	78	12	25	67	87	36	395		
8	七郎	65	20	58	36	36	29	100	344		
9	八郎	23	0	36	14	25	69	28	195		
10	平均点										

⑤ 前項のように「オートフィル」機能で、同じ作業を J3 以降も行う。

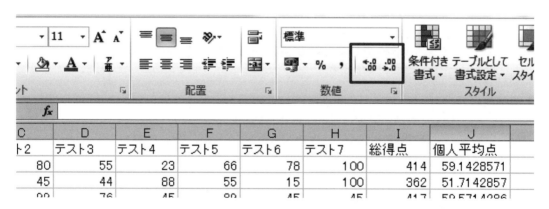

C	D	E	F	G	H	I	J
ト2	テスト3	テスト4	テスト5	テスト6	テスト7	総得点	個人平均点
80	55	23	66	78	100	414	59.1428571
45	44	88	55	15	100	362	51.7142857
99	76	45	89	45	45	417	59.5714286

【よく使う関数と、それに関する機能】

合計点を出したい　→　SUM

平均点を出したい　→　AVERAGE

少数点以下を調節したい　→　数値グループ内左右矢印で調節

8．データを並べ替えて、見やすく整えよう

　並んだデータを並べ替えて、意味のある一覧表を作成する練習をしよう。これは、例えば、名簿順に並んだ生徒を成績順に並べ替えて、上位から成績を入力したり、住所録から通学班の名簿を作成したり、または、それぞれのリレーのタイムが均衡するようにグループを編成したり、様々な場面で必要になる技術である。

　これは、上部リボンの「**編集**」グループ内「**並べ替えとフィルター**」から、セレクトボックスで操作可能であり非常に有用な機能である。

「**編集**」グループ内の「**並べ替えとフィルター**」機能はここから開く

● データを選別しよう－「フィルター」

	A	B	C	D	E
1	番	氏名	性	タイム	組
2	1	青木	女	11.9	
3	2	青山	男	10.4	
4	3	浅野	男	11.7	
5	4	足立	女	11.2	
6	5	井川	女	13.4	
7	6	内田	男	10.8	
8	7	大島	男	10.3	
9	8	加藤	男	10.4	
10	9	金田	女	13.4	
11	10	河野	男	10.2	
12	11	小寺	女	11.0	
13	12	小松	男	10.1	
14	13	今野	女	10.2	
15	14	佐々木	男	10.5	
16	15	島田	女	10.5	
17	16	鈴木	女	10.9	
18	17	須田	女	12.9	
19	18	園山	男	11.3	

リレーのタイムを男女別にまとめたい。
男子・女子それぞれ分けて表示させる。

① 選別するデータが含まれる行を選択する（この場合は、性別を分けたいので C 行を選択する）。

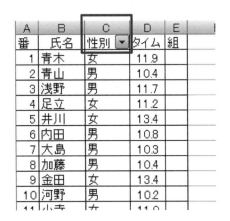

② 「並べ替えとフィルター」ボタンを押し、「フィルター」を選択する。

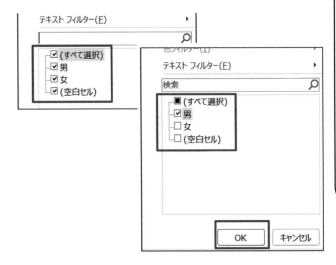

「フィルター」は、水溶液などをろ過させる漏斗（ろうと）のイラストがついている。

「性別」と書かれたセルの右下に▼のプルダウンボックスが表れた。これが、「フィルター」がかかったしるしである。

▼のセレクトボックスをひらくと左の図のようなウィンドウが開く。
まず、男子のデータのみ表示させるとすると、□男子にチェック☑を入れる。

	A	B	C	D	E
1	番	氏名	性別 ▼	タイム	組
3	2	青山	男	10.4	
4	3	浅野	男	11.7	
7	6	内田	男	10.8	
8	7	大島	男	10.3	
9	8	加藤	男	10.4	
11	10	河野	男	10.2	
13	12	小松	男	10.1	
15	14	佐々木	男	10.5	
19	18	園山	男	11.2	
21	20	高橋	男	9.7	
22	21	田中	男	10.7	
24	23	中村	男	10.8	
25	24	橋本	男	9.7	

「OK」を押すと、左図のように、男子のデータのみ表示される。

ここで注意したいのは、この表示のままデータを関数利用することができないことである。つまり、タイムなどの平均を出すためには、この画面上で操作することはできない。

なぜなら、左端の行番号がとびとびになっているように、本来この表に載っている女子のデータが「今は見えない状態になっている」だけだから。隠れているデータを除いて平均や合計を計算したい場合は、この表示されている男子のデータのみをコピー＆ペーストして新規に表を作成すると分かりやすい。

このように、本来一覧に含まれているデータをある条件に合ったものだけを抽出して作業することができる。今回の作業のように男子・女子ごとのリレータイムや住所録で居住地域ごとに「フィルター」をかければ、その地区に居住している児童・生徒だけを表示させることができる。他にも、委員会の生徒名簿などでは、「2年生」と「4年生」だけを抽出するなどの作業ができる。

● データを並べ替えよう－「並べ替え」

次は、データ数値を降順、昇順に並べ替える手順を覚えよう。

① 並べ替えを行いたいデータの列または行を選択する。

タイム順位の並べ替えを行いたいので、タイムのデータ（この場合はD列）に着目する。
男女混合で、「タイム」の「速い順」に他の「番号」「氏名」「性別」のデータも合わせて並べ替えを行う。

	A	B	C	D	E
1	番	氏名	性	タイム	組
2	1	青木	女	11.9	
3	2	青山	男	10.4	
4	3	浅野	男	11.7	
5	4	足立	女	11.2	
6	5	井川	女	13.4	
7	6	内田	男	10.8	
8	7	大島	男	10.3	
9	8	加藤	男	10.4	
10	9	金田	女	13.4	
11	10	河野	男	10.2	
12	11	小寺	女	11.0	
13	12	小松	男	10.1	
14	13	今野	女	10.2	
15	14	佐々木	男	10.5	
16	15	島田	女	10.5	
17	16	鈴木	女	10.9	
18	17	須田	女	12.9	
19	18	園山	男	11.2	
20	19	高橋	女	12.5	
21	20	高橋	男	9.7	

②「**フィルターと並べ替え**」ボタンから「昇順」または「降順」を選択する。

> 昇順→データの最小値が並べ替えの先頭にくるようにする。
> 降順→データの最高値が並べ替えの先頭にくるようにする。

例えば、リレーのタイムが速い順に並べ替えたい場合は［昇順］を、合計点の高い順に名簿を並べ替えたい場合は［降順］を選択する。

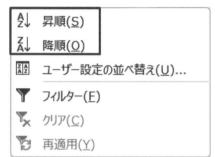

③ どの範囲を並べ替えるか選択をする。

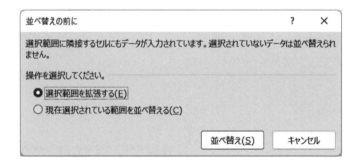

> タイムの並べ替えに連動し、氏名や性別も入れ替わらなければいけないので、「**選択範囲を拡張する**」を選択する。

すると、次のようになる。

	A	B	C	D	E
1	番	氏名	性別	タイム	組
2	31	箕輪	男	9.6	
3	20	高橋	男	9.7	
4	24	橋本	男	9.7	
5	12	小松	男	10.1	
6	29	樋口	男	10.1	
7	10	河野	男	10.2	
8	13	今野	女	10.2	
9	26	長谷川	男	10.2	
10	33	山之内	男	10.2	
11	7	大島	男	10.3	
12	2	青山	男	10.4	
13	8	加藤	男	10.4	
14	14	佐々木	男	10.5	
15	15	島田	女	10.5	
16	22	塚原	女	10.5	
17	35	山本	男	10.5	
18	21	田中	男	10.7	

> タイム順位並べ替えに連動して、番号、氏名、性別まで一緒に並べ替えが行われた。

・・・実習課題【成績モデル】の作成・・・

実際に成績や点数を入力してみると、例えばこんなふうになる。

	A2	▼	f_x	A01					
	A	B	C	D	E	F	G	H	I
1		課題(20)	ノート(10)	平常点(5)	筆記(100)	筆記(65)	合計(100)		評価
2	A01	16	8	2	53	34	60	7	7
3	A02	14	8	4	39	25	51	6	6
4	A03	15	7	3	51	33	58	6	6
5	A04	15	7	3	39	25	50	5	5
6	A05	15	7	4	69	45	71	9	9
7	A06	14	8	4	65	42	68	8	8
8	A07	10	7	3	64	42	62	7	7
9	A08	14	7	3	62	40	64	8	8
10	A09	14	7	4	54	35	60	7	7
11	A10	16	7	3	46	30	56	6	6
12	A11	17	7	4	48	31	59	7	7
13	A12	16	7	4	51	33	60	7	7
14	A13	13	7	3	57	37	60	7	7
15	A14	20	8	5	75	49	82	10	10
16	A15	15	7	3	32	21	46	5	5
17	A16	15	8	2	51	33	58	6	6
18	A17								
19	A18	16	6	2	49	32	56	6	6
20	A19	13	7	3	33	21	44	5	5
21	A20	16	6	1	51	33	56	6	6
22	A21	15	6	0	49	32	53	6	6
23	A22	12	7	0	34	22	41	4	4
24	A23	16	7	3	45	29	55	6	6
25	A24	16	9	5	55	36	66	8	8
26	A25	12	6	2	44	29	49	5	5

　成績を出すときには、多くの課題や試験の結果を合計して評価する必要がある。上の図のように、項目ごとに点数化し、合計していけば、煩雑になりがちな作業でも、正確に確実に算出していくことができる。

　合計、平均が算出できたら、クラスごとや課題の点数順、筆記テストの点数順などに並べ替えを行い、様々な観点から評価をする際の参考にしてみよう。

　Excelを使いこなし実務をスムーズに行えるようにしよう。

レッスン **7**

Excel の活用応用編

1.「IF 関数」—— 合格者と再試験者の振り分けをしよう

合計点や平均点の出し方がわかったら、次に合格者・不合格者の振り分け機能を習得しよう。

	A	B	C	D	E	F	G	H	I
			中間試験	小テスト	期末試験	合計	平均点	合 否	
1									
2	1	一郎	65	70	88	223	74.33		
3	2	二郎	78	80	57	215	71.67		
4	3	三郎	49	67	71	187	62.33		
5	4	四郎	88	60	55	203	67.67		
6	5	五郎	59	80	73	212	70.67		
7	6	六郎	58	47	65	170	56.67		
8	7	七郎	36	55	87	178	59.33		
9	8	八郎	78	89	54	221	73.67		
10	9	九郎	45	25	68	138	46		
11	10	十郎	96	74	77	247	82.33		

（H1 ／ fx 合 否）

「合格」→「平均点」が［65 点以上］

「再試験」→「平均点」が［65 点未満］

例えば、中間試験・小テスト・期末試験の平均点が、65 点以上の人を「合格」、65 点未満の人を「不合格」という基準にしてみよう。そして、その評価を、H 列に表示させてみる。もちろん、この点数の基準やどの点数を参照するか、また「合格」「再試験」という評価も自由に設定できる。

それでは、まず「一郎」の平均点（G2）が、65 点以上か 65 点未満かを判断し、その評価を合否の欄（H2）に表示させてみよう。

① 合否の評価を表記させたいセル（この場合は H2）を選択する。

②「IF」関数を選択する。

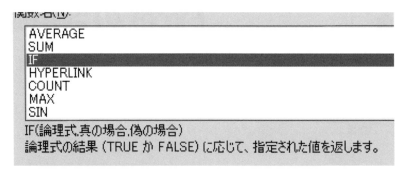

③「IF」関数の仕組みを理解しよう。

	A	B	C 中間試験	D 小テスト	期末試験	合計	平均点	H 合 否
1			中間試験	小テスト	期末試験	合計	平均点	合 否
2	1	一郎	65	70	88	223	74.33	"再試験")
3	2	二郎	78	80	57	215	71.67	
4	3	三郎	49	67	71	187	62.33	
5	4	四郎	88	60	55	203	67.67	
6	5	五郎	59	80	73	212	70.67	
7	6	六郎	58	47	65	170	56.67	
8	7	七郎	36	55	87	178	59.33	
9	8	八郎	78	89	54	221	73.67	
10	9	九郎	45	25	68	138	46	
11	10	十郎	96	74	77	247	82.33	

関数の窓に注目しよう。

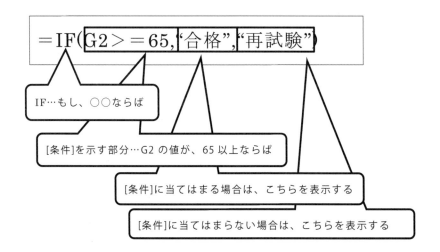

つまり、

$$＝IF(論理式, "真の場合", "偽の場合")$$

　　　　　　　　条件　,　　条件に当てはまる場合　,　当てはまらない場合

というきまりがあることを覚えよう。

　それぞれの部分を、，（カンマ）と“　”（ダブルコーテーションマーク）で囲い、3部分で構成されていることを理解しよう。そうすれば、以下の図のように、関数の数式パレットに書き込む際も迷わなくなる。

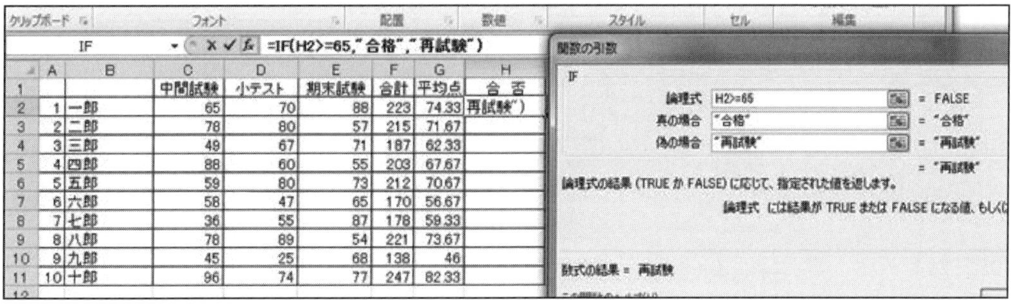

Lesson 7

　論理式に入れる条件で少しややこしいのは、「演算子」の部分ではないだろうか。ここで以下に、演算子の種類を示しておく。

【演算子の種類】
= （等号）左辺と右辺が等しい
\> （〜より大きい）左辺が右辺よりも大きい
< （〜より小さい）左辺が右辺よりも小さい、左辺が右辺未満である
\>= （〜以上）左辺が右辺と同じか、それよりも大きい
<= （〜以下）左辺が右辺と同じか、それよりも小さい

	A	B	C 中間試験	D 小テスト	E 期末試験	F 合計	G 平均点	H 合否
2	1	一郎	65	70	88	223	74.33	合格
3	2	二郎	78	80	57	215	71.67	合格
4	3	三郎	49	67	71	187	62.33	再試験
5	4	四郎	88	60	55	203	67.67	合格
6	5	五郎	59	80	73	212	70.67	合格
7	6	六郎	58	47	65	170	56.67	再試験
8	7	七郎	36	55	87	178	59.33	再試験
9	8	八郎	78	89	54	221	73.67	合格
10	9	九郎	45	25	68	138	46	再試験
11	10	十郎	96	74	77	247	82.33	合格

H4 fx =IF(G4>=65,"合格","再試験")

例えば、三郎の評価のみを表示させたいときは、H4 を選択したのち、数式パレットには以下のように記入すればよい。

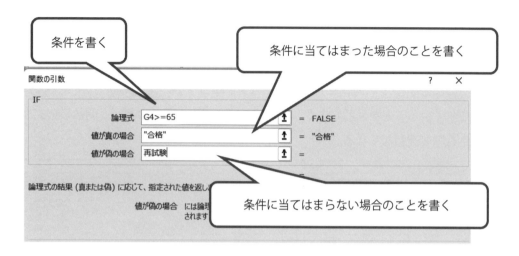

以上のように、平均点だけでなく、例えば小テストの点数やいくつかの試験の合計点を基準にして、合格や不合格、再試験、課題など自動的に表示させることができるようになろう。

■・・・実習課題【IF 関数の応用】・・・■

これまでは、合格・不合格、または、合格・再試験のように、評価を 2 段階（種類）のみに限定した使用方法を学んできた。

それでは、例えば、平均点が

　　　73 点以上ならば　　　A

　　　65 点以上ならば　　　B

　　　それより低い場合は　　C

というように、3 段階、またはそれ以上に分類し評価する練習をしてみよう。

$$= IF（論理式, "真の場合", "偽の場合"）$$

　　　　　　　　　　　　　　　↑この部分を、さらに細かく分ける

すると、以下のようになる。（一郎の場合）

$$= IF（G2>=73, "A", IF（G2>=65, "B", "C"））$$

となる。

これを部分ごとにみていくと、

$$= IF（G2>=73, \text{``A''}, IF（G2>=65, \text{``B''}, \text{``C''}））$$

もし、（G2 が 73 点以上なら A）、（G2 が 65 点以上なら B）、（それ以外は C）となり、関数パレットでは「偽の場合」をさらに細かく条件づけしてやることになる。

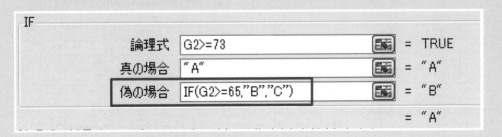

IF			
論理式	G2>=73		= TRUE
真の場合	"A"		= "A"
偽の場合	IF(G2>=65,"B","C")		= "B"
			= "A"

関数の窓にも、以下のように表示される。

	I2			f_x	=IF(G2>=73,"A",IF(G2>=65,"B","C"))			
	A	B	C	D	E	F	G	H	I
1			中間試験	小テスト	期末試験	合計	平均点	合 否	評価
2	1	一郎	65	70	88	223	74.33	合格	A
3	2	二郎	78	80	57	215	71.67	合格	
4	3	三郎	49	67	71	187	62.33	再試験	
5	4	四郎	88	60	55	203	67.67	合格	
6	5	五郎	59	80	73	212	70.67	合格	

このようにして、二郎以下も評価を入れてみよう。

	I10			f_x	=IF(G10>=73,"A",IF(G10>=65,"B","C"))			
	A	B	C	D	E	F	G	H	I
1			中間試験	小テスト	期末試験	合計	平均点	合 否	評価
2	1	一郎	65	70	88	223	74.33	合格	A
3	2	二郎	78	80	57	215	71.67	合格	B
4	3	三郎	49	67	71	187	62.33	再試験	C
5	4	四郎	88	60	55	203	67.67	合格	B
6	5	五郎	59	80	73	212	70.67	合格	B
7	6	六郎	58	47	65	170	56.67	再試験	C
8	7	七郎	36	55	87	178	59.33	再試験	C
9	8	八郎	78	89	54	221	73.67	合格	A
10	9	九郎	45	25	68	138	46	再試験	C
11	10	十郎	96	74	77	247	82.33	合格	A

関数の意味を理解することができれば、どのような組み合わせでも応用させることができる。

2．「COUNTIF 関数」― 合格者と再試験者の数を数えよう

▲	A	B	C	D	E	F	G	H	I
1			中間試験	小テスト	期末試験	合計	平均点	合 否	評価
2	1	一郎	65	70	88	223	74.33	合格	A
3	2	二郎	78	80	57	215	71.67	合格	B
4	3	三郎	49	67	71	187	62.33	再試験	C
5	4	四郎	88	60	55	203	67.67	合格	B
6	5	五郎	59	80	73	212	70.67	合格	B
7	6	六郎	58	47	65	170	56.67	再試験	C
8	7	七郎	36	55	87	178	59.33	再試験	C
9	8	八郎	78	89	54	221	73.67	合格	A
10	9	九郎	45	25	68	138	46.00	再試験	C
11	10	十郎	96	74	77	247	82.33	合格	A
12								合格者	
13								再試験者	

前項では、平均点や合計点から合格・再試験・A・B…などの評価を表示させる IF 関数を学んだ。ここでは、それぞれの評価を下した人数を数える作業を行う。

上の図では、H12・H13 のセルが選択されている。H12 に、「合格者」の人数を、そして H13 には、「再試験者」の人数を表示させてみよう。

そのためには、「**COUNTIF**」という関数を利用する。この関数は、「指定した範囲の中」に「条件に当てはまった言葉または文字」が入ったセルがいくつあるか、その個数を数えてくれる関数である。つまり、範囲指定をしてその中に、例えば「合格」や「再試験」という言葉が入ったセルがいくつあるか数えてくれるのである。

ここでは、「合格」や「再試験」という言葉で練習してみるが、上図 I 列の「評価」のように、A、B、C それぞれの人数を自動的に数えることも可能である。それぞれの評価の人数を知りたいときには、とても便利な機能である。

作業の手順は以下のとおり。

まず、「合格者」の人数を数えよう。

① はじめに、個数を表示させたいセル（この場合は H12）を選択し、関数パレットを表示させる。

② 関数の分類を「すべて表示」または「統計」に合わせ、関数を「COUNTIF」を選択する。

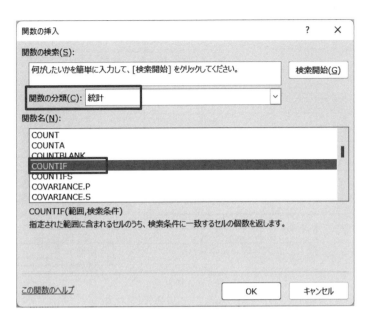

③ 範囲と検索条件を打ち込む。

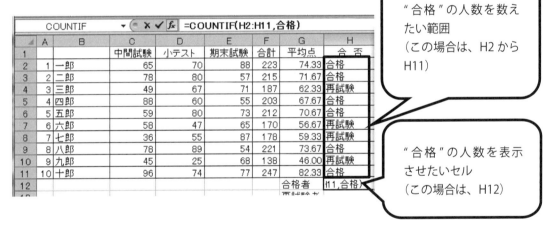

> "合格"の人数を数えたい範囲
> (この場合は、H2から H11)

> "合格"の人数を表示させたいセル
> (この場合は、H12)

　関数パレットをみると、「H2 から H11」の「範囲」の中に、「合格」という言葉が入った
セルがいくつあるか数えなさい、という号令を打ち込む。

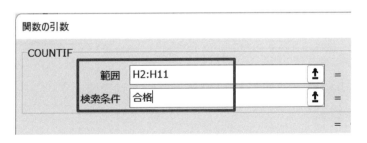

その結果、

	H12		▼		f_x	=COUNTIF(H2:H11,"合格")		
	A	B	C	D	E	F	G	H	I
1			中間試験	小テスト	期末試験	合計	平均点	合 否	評価
2	1	一郎	65	70	88	223	74.33	合格	A
3	2	二郎	78	80	57	215	71.67	合格	B
4	3	三郎	49	67	71	187	62.33	再試験	C
5	4	四郎	88	60	55	203	67.67	合格	B
6	5	五郎	59	80	73	212	70.67	合格	B
7	6	六郎	58	47	65	170	56.67	再試験	C
8	7	七郎	36	55	87	178	59.33	再試験	C
9	8	八郎	78	89	54	221	73.67	合格	A
10	9	九郎	45	25	68	138	46.00	再試験	C
11	10	十郎	96	74	77	247	82.33	合格	A
12								合格者	6
13								再試験者	

H12 に、「合格」の人数が「6」人であることが表示された。

同様に、「再試験者」の人数も表示させてみる。

関数パレットの表示は、以下のとおり。

	H13		▼		f_x	=COUNTIF(H2:H11,"再試験")		
	A	B	C	D	E	F	G	H	I
1			中間試験	小テスト	期末試験	合計	平均点	合 否	評価
2	1	一郎	65	70	88	223	74.33	合格	A
3	2	二郎	78	80	57	215	71.67	合格	B
4	3	三郎	49	67	71	187	62.33	再試験	C
5	4	四郎	88	60	55	203	67.67	合格	B
6	5	五郎	59	80	73	212	70.67	合格	B
7	6	六郎	58	47	65	170	56.67	再試験	C
8	7	七郎	36	55	87	178	59.33	再試験	C
9	8	八郎	78	89	54	221	73.67	合格	A
10	9	九郎	45	25	68	138	46.00	再試験	C
11	10	十郎	96	74	77	247	82.33	合格	A
12								合格者	6
13								再試験者	4

H13 より、「再試験者」の人数は、4人であることが分かった。

関数の窓をみると、

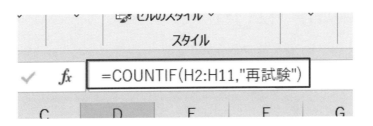

$= COUNTIF（\underline{H2：H11}、 “\textbf{再試験}”）$ とあり、

この範囲の中で、「再試験」のセルはいくつか、という意味になる。

・・・実習課題【評価 A, B, C の人数を数えよう】・・・

同様の手順で、I 列の評価の人数を数えてみよう。

　各自、それぞれの人数を表示させるセルを設置する。

（下の図では、J1 から K4 に枠を設置した）

	A	B	C	D	E	F	G	H	I	J	K
1			中間試験	小テスト	期末試験	合計	平均点	合　否	評価	評価人数	
2	1	一郎	65	70	88	223	74.33	合格	A	A	
3	2	二郎	78	80	57	215	71.67	合格	B	B	
4	3	三郎	49	67	71	187	62.33	再試験	C	C	
5	4	四郎	88	60	55	203	67.67	合格	B		
6	5	五郎	59	80	73	212	70.67	合格	B		
7	6	六郎	58	47	65	170	56.67	再試験	C		
8	7	七郎	36	55	87	178	59.33	再試験	C		
9	8	八郎	78	89	54	221	73.67	合格	A		
10	9	九郎	45	25	68	138	46.00	再試験	C		
11	10	十郎	96	74	77	247	82.33	合格	A		
12							合格者		6		
13							再試験者		4		

「I2 から I11」の「範囲」の中に、「A」という言葉が入ったセルがいくつあるか数えなさい、という命令を打ち込む。

COUNTIF

範囲	I2:I11	⬆	=
検索条件	"A"	⬆	=

同様に、B、C についても作業をする。

$$= \text{COUNTIF}\ (\underline{\text{I2 : I11}}、\ \text{``B''})$$

この範囲の中に、「B」はいくつあるか?

という号令をかける。

	A	B	C 中間試験	D 小テスト	E 期末試験	F 合計	G 平均点	H 合 否	I 評価	J 評価人数	K
K3				=COUNTIF(I2:I11,"B")							
1		一郎	65	70	88	223	74.33	合格	A	A	3
2		二郎	78	80	57	215	71.67	合格	B	B	3
3		三郎	49	67	71	187	62.33	再試験	C	C	4
4		四郎	88	60	55	203	67.67	合格	B		
5		五郎	59	80	73	212	70.67	合格	B		

それぞれの人数が、表示された。

これは、各試験の点数データを書き換えた場合でも、自動的に算出されるようになっている。

今回は、試験の点数および評価を例として用いて練習したが、実践の場では、例えば、課外活動で希望する散策コースの振り分けをする場合や課題研究の学習テーマを選ぶ際に、生徒の希望状況を把握するなど、コースごとの集中度合や希望の状況を一目で確認することができるなど、多くの場面で活用することができる。

様々な関数を使いこなし、教育現場での実務をより円滑にスピーディーに行えるようにしよう。

3. グラフを作成しよう

これまでの学びで Excel を用いて様々なデータを管理できるようになった。それでは、今節では皆さんが作成してきた表を用いてグラフを作成してみよう。

グラフの作成は、とても簡単でいろいろな形式に変形可能である。成績だけでなく、クラス対抗大縄大会の結果やグループごとの活動の成果を見やすく提示することができる。また、児童・生徒の活動としては、調べ学習の際に収集したデータを比較する際にも活用可能であるため、指導者として自分自身が作成できることはもちろん、児童・生徒にグラフの有用性を伝えることは、非常に大切である。

	A	B	C	D	E	F	G	H	I	J	K
1			中間試験	小テスト	期末試験	合計	平均点	合 否	評価	評価人数	
2	1	一郎	65	70	88	223	74.33	合格	A	A	
3	2	二郎	78	80	57	215	71.67	合格	B	B	
4	3	三郎	49	67	71	187	62.33	再試験	C	C	
5	4	四郎	88	60	55	203	67.67	合格	B		
6	5	五郎	59	80	73	212	70.67	合格	B		
7	6	六郎	58	47	65	170	56.67	再試験	C		
8	7	七郎	36	55	87	178	59.33	再試験	C		
9	8	八郎	78	89	54	221	73.67	合格	A		
10	9	九郎	45	25	68	138	46.00	再試験	C		
11	10	十郎	96	74	77	247	82.33	合格	A		
12							合格者	6			
13							再試験者	4			

ここから　　⬇　　こうなる。

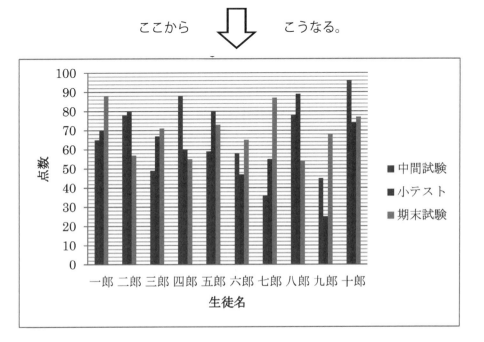

ここでは、もっともシンプルなグラフの作成の方法を学んでいく。

① グラフに反映させたいデータ部分を選択する。

	A	B	C	D	E	F	G	H	I
1			中間試験	小テスト	期末試験	合計	平均点	合 否	評価
2	1	一郎	65	70	88	223	74.33	合格	A
3	2	二郎	78	80	57	215	71.67	合格	B
4	3	三郎	49	67	71	187	62.33	再試験	C
5	4	四郎	88	60	55	203	67.67	合格	B
6	5	五郎	59	80	73	212	70.67	合格	B
7	6	六郎	58	47	65	170	56.67	再試験	C
8	7	七郎	36	55	87	178	59.33	再試験	C
9	8	八郎	78	89	54	221	73.67	合格	A
10	9	九郎	45	25	68	138	46.00	再試験	C
11	10	十郎	96	74	77	247	82.33	合格	A
12							合格者	6	
13							再試験者	4	
14									

② グラフの種類を選択する。→「OK」を押す。

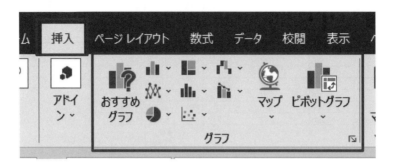

「挿入」タブ内のグラフグループから、使用したいグラフを選択する。

　ポイントとなるのは、データとグラフの種類を適切に判断することである。何を示したい
かによって、使用するべきグラフの種類は変わる。指導の際には、グラフが「作成できる」
だけでなく、グラフの種類を「選択」する知識も指導していく必要がある。

③　グラフのレイアウトを整える。

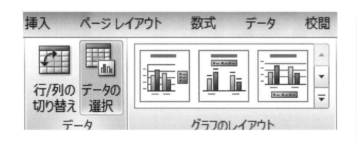

下図グラフ表示範囲の余白部分
（矢印の部分）をクリックし、
「グラフのレイアウト」でタイ
トルの加除、グラフメモリの調
整などをすることができる。
また、「データの選択」で、凡
例の編集ができる。

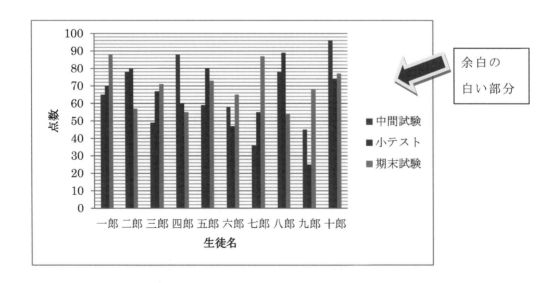

余白の
白い部分

・・・いろいろな関数を使ってみよう【発展編】・・・

Excel で作業できる関数の種類は 160 種類を超える。どれも非常に便利で、学校実務で活躍する関数も多い。しかし、ここでそれら全ての説明をすることは難しいため、筆者が特に便利で利用している関数を紹介する。

■ 「重み計算」とセルの「絶対参照」

前項までの練習データでは、「中間試験」「小テスト」「期末試験」をそれぞれ 100 点とし 300 満点中の合計点や平均点を算出してきた。しかし、様々な実力試験を課す中で、それぞれが同じ「**重み**」（評価の割合）であるとは限らない。例えば、出題範囲が狭い「中間試験」や小テストなどと 1 年間の全学習結果が問われる「学年末末試験」では、同じ 100 点満点であっても同じ評価の割合ではないため、評価のウェイトを変化させることがある。

その際に利用したいのが、「**重み計算**」の方法とセルの「**絶対参照**」の技術である。この項では、この 2 つについて学んでいこう。少々ややこしいが、がんばろう。

	H13	▼		f_x	=COUNTIF(H2:H11,"再試験")			
	A	B	C	D	E	F	G	H	I
1			中間試験	小テスト	期末試験	合計	平均点	合　否	評価
2	1	一郎	65	70	88	223	74.33	合格	A
3	2	二郎	78	80	57	215	71.67	合格	B
4	3	三郎	49	67	71	187	62.33	再試験	C
5	4	四郎	88	60	55	203	67.67	合格	B
6	5	五郎	59	80	73	212	70.67	合格	B
7	6	六郎	58	47	65	170	56.67	再試験	C
8	7	七郎	36	55	87	178	59.33	再試験	C
9	8	八郎	78	89	54	221	73.67	合格	A
10	9	九郎	45	25	68	138	46.00	再試験	C
11	10	十郎	96	74	77	247	82.33	合格	A
12								合格者	6
13								再試験者	4

① 重みを決める。

	A	B	C	D 中間試験	E 小テスト	F 期末試験	G 合計	H 平均点	I 重み平均
1				中間試験	小テスト	期末試験	合計	平均点	重み平均
2	1	一郎	イチロウ	65	70	88	223	74.33	
3	2	二郎	ジロウ	78	80	57	215	71.67	
4	3	三郎	サブロウ	49	67	71	187	62.33	
5	4	四郎	シロウ	88	60	55	203	67.67	
6	5	五郎	ゴロウ	59	80	73	212	70.67	
7	6	六郎	ロクロウ	58	47	65	170	56.67	
8	7	七郎	ナナロウ	36	55	87	178	59.33	
9	8	八郎	ハチロウ	78	89	54	221	73.67	
10	9	九郎	キュウロウ	45	25	68	138	46.00	
11	10	十郎	ジュウロウ	96	74	77	247	82.33	
12								合格者	
13								再試験者	
14				重み					
15				1.1	0.8	1.4			
16									

　　この場合は、「中間試験」が1.1、「小テスト」が0.8、「期末試験」が1.4とした。
もちろん、状況に合わせて数値を変えて利用することができる。

② 重み平均を記入する列を作成する。（この場合は、I列に「重み平均」を記入することにする）

③ 重み平均を表示するセル（この場合はI1）をクリックして、数式バーに式を書く。

AVERAGE				f_x =(D2*D15+E2*E15+F2*F15)/3					
	A	B	C	D	E	F	G	H	I
1				中間試験	小テスト	期末試験	合計	平均点	重み平均
2	1	一郎	イチロウ	65	70	88	223	74.33	2*F15)/3
3	2	二郎	ジロウ	78	80	57	215	71.67	
4	3	三郎	サブロウ	49	67	71	187	62.33	
5	4	四郎	シロウ	88	60	55	203	67.67	
6	5	五郎	ゴロウ	59	80	73	212	70.67	
7	6	六郎	ロクロウ	58	47	65	170	56.67	
8	7	七郎	ナナロウ	36	55	87	178	59.33	
9	8	八郎	ハチロウ	78	89	54	221	73.67	
10	9	九郎	キュウロウ	45	25	68	138	46.00	
11	10	十郎	ジュウロウ	96	74	77	247	82.33	
12								合格者	
13								再試験者	
14				重み					
15				1.1	0.8	1.4			
16									

$$= (D2*D15+E2*E15+F2*F15)/3$$

つまり、３種類の試験の平均

　　＝「中間試験」× 1.1＋「小テスト」× 0.8＋「期末試験」× 1.4 の平均

　　　（中間試験の重み）　　　（小テストの重み）　　　（期末試験の重み）

という意味になる。

　すると、下の図のようになる。

	A	B	C	D	E	F	G	H	I
				中間試験	小テスト	期末試験	合計	平均点	重み平均
1									
2	1	一郎	イチロウ	65	70	88	223	74.33	83.57
3	2	二郎	ジロウ	78	80	57	215	71.67	
4	3	三郎	サブロウ	49	67	71	187	62.33	
5	4	四郎	シロウ	88	60	55	203	67.67	
6	5	五郎	ゴロウ	59	80	73	212	70.67	
7	6	六郎	ロクロウ	58	47	65	170	56.67	
8	7	七郎	ナナロウ	36	55	87	178	59.33	
9	8	八郎	ハチロウ	78	89	54	221	73.67	
10	9	九郎	キュウロウ	45	25	68	138	46.00	
11	10	十郎	ジュウロウ	96	74	77	247	82.33	
12								合格者	
13								再試験者	
14				重み					
15				1.1	0.8	1.4			

I2　　fx　=(D2*D15+E2*E15+F2*F15)/3

④ 同じ作業を二郎から十郎まで行う。

　ここで!!

　「オートフィル」機能を利用するとする。

　I2 セルを選択して、セルの右下にカーソルを合わせると黒い十字になる。そのまま下にドラッグしていくと…

	A	B	C	D	E	F	G	H	I
1				中間試験	小テスト	期末試験	合計	平均点	重み平均
2	1	一郎	イチロウ	65	70	88	223	74.33	83.57
3	2	二郎	ジロウ	78	80	57	215	71.67	0.00
4	3	三郎	サブロウ	49	67	71	187	62.33	0.00
5	4	四郎	シロウ	88	60	55	203	67.67	0.00
6	5	五郎	ゴロウ	59	80	73	212	70.67	0.00
7	6	六郎	ロクロウ	58	47	65	170	56.67	0.00
8	7	七郎	ナナロウ	36	55	87	178	59.33	0.00
9	8	八郎	ハチロウ	78	89	54	221	73.67	
10	9	九郎	キュウロウ	45	25	68	138	46.00	
11	10	十郎	ジュウロウ	96	74	77	247	82.33	

I2　　fx　=(D2*D15+E2*E15+F2*F15)/3

二郎以下が、ゼロになってしまった!!

どうしてだろう。その理由をみてみよう。

五郎を例にすると、五郎の重み平均は I6 に記入されるはず。

Lesson
7

その数式バーをみると、

$$= (D6*D19+E6*E19+F6*F19)/3$$

となっている。（下図の数式バー参照）

つまり、オートフィル機能により、計算させるセルを移動すると、「重み」をかける
セルの位置も同時に移動してしまっているのだ!!

ここが、オートフィル機能を利用する際の留意点である。

	A	B	C	D 中間試験	E 小テスト	F 期末試験	G 合計	H 平均点	I 重み平均
1				中間試験	小テスト	期末試験	合計	平均点	重み平均
2	1	一郎	イチロウ	65	70	88	223	74.33	83.57
3	2	二郎	ジロウ	78	80	57	215	71.67	0.00
4	3	三郎	サブロウ	49	67	71	187	62.33	0.00
5	4	四郎	シロウ	88	60	55	203	67.67	0.00
6	5	五郎	ゴロウ	59	80	73	212	70.67	=6*F19)/3
7	6	六郎	ロクロウ	58	47	65	170	56.67	0.00
8	7	七郎	ナナロウ	36	55	87	178	59.33	0.00
9	8	八郎	ハチロウ	78	89	54	221	73.67	0.00
10	9	九郎	キュウロウ	45	25	68	138	46.00	0.00
11	10	十郎	ジュウロウ	96	74	77	247	82.33	0.00
12								合格者	
13								再試験者	
14				重み					
15				1.1	0.8	1.4			
16									
17									
18									
19									
20									

数式バー：=(D6*D19+E6*E19+F6*F19)/3

数式バーで計算されているセルは、D19、E19、F19 になっている。

オートフィル機能により、「一郎」から「五郎」まで、4行下に下がっているのと同
時に、重みの比重が書かれたセル D15、E15、F15 から、4行下に下がっている。

では、どうするか…五郎のデータを例にすると、

$$= (\underline{D6}*D15+\underline{E6}*E15+\underline{F6}*F15) / 3$$

下線部分は、移動に伴って、セルも移動してほしい。

$$= (D6*\underline{D15}+E6*\underline{E15}+F6*\underline{F15}) / 3$$

二重下線部分は、セルが移動しても、常にこのセルを表示してほしい。

その時に利用するのが、セルの「**絶対参照**」と呼ばれる機能である。

数式を見るとややこしく見えるが、実はとても簡単でシンプルな方法でできるので、習得してほしい。

ポイントは、「移動してほしくないセル」に「$」（ドル）マークを付けるだけ。

具体的には、

$$= （D6*\underline{\$D\$}15+E6*\underline{\$E\$}15+F6*\underline{\$F\$}15）／3$$

となる。

一見、ややこしいようだが、動いてほしくない D15、E15、F15 のセルの行と列の前に「$」を付けるだけである。

それでは、実際に「一郎」の数式バーに「$」を加えてみる。

Lesson 7

AVERAGE　=(D2*$D$15+E2*$E$15+F2*$F$15)/3

	A	B	C	D	E	F	G	H	I
1				中間試験	小テスト	期末試験	合計	平均点	重み平均
2	1	一郎	イチロウ	65	70	88	223	74.33	*$F$15)/3
3	2	二郎	ジロウ	78	80	57	215	71.67	
4	3	三郎	サブロウ	49	67	71	187	62.33	
5	4	四郎	シロウ	88	60	55	203	67.67	
6	5	五郎	ゴロウ	59	80	73	212	70.67	
7	6	六郎	ロクロウ	58	47	65	170	56.67	
8	7	七郎	ナナロウ	36	55	87	178	59.33	
9	8	八郎	ハチロウ	78	89	54	221	73.67	
10	9	九郎	キュウロウ	45	25	68	138	46.00	
11	10	十郎	ジュウロウ	96	74	77	247	82.33	
12								合格者	
13								再試験者	
14				重み					
15				1.1	0.8	1.4			
16									

⑤ オートフィル機能で、二郎から十郎まで、同じ計算をする。

I6　=(D6*$D$15+E6*$E$15+F6*$F$15)/3

	A	B	C	D	E	F	G	H	I
1				中間試験	小テスト	期末試験	合計	平均点	重み平均
2	1	一郎	イチロウ	65	70	88	223	74.33	83.57
3	2	二郎	ジロウ	78	80	57	215	71.67	76.53
4	3	三郎	サブロウ	49	67	71	187	62.33	68.97
5	4	四郎	シロウ	88	60	55	203	67.67	73.93
6	5	五郎	ゴロウ	59	80	73	212	70.67	77.03
7	6	六郎	ロクロウ	58	47	65	170	56.67	64.13
8	7	七郎	ナナロウ	36	55	87	178	59.33	68.47
9	8	八郎	ハチロウ	78	89	54	221	73.67	77.53
10	9	九郎	キュウロウ	45	25	68	138	46.00	54.90
11	10	十郎	ジュウロウ	96	74	77	247	82.33	90.87
12								合格者	
13								再試験者	
14				重み					
15				1.1	0.8	1.4			

先ほど、失敗した「五郎」の計算も正しく行われている。

この「絶対参照」の便利なところは、評価の比重（重み）を変更しても、自動的に計算されるところである。

数式バーの計算式に、重みが書かれたセルを書き込むのではなく、重みの比率をそのまま数字で（この場合は「1.1」「0.8」「1.4」など）書き込むことも可能であるが、そうすると重みを変更した際には、また全員分オートフィルを掛け直さなければならなくなる。

ということで、「重み計算」および「絶対参照」は、とても便利な機能なので、利用できるようにしよう。

■生徒氏名のよみがなを自動表示する－ PHONETIC

① ふりがなを表示させたいセルを選択する（下図では C2）。

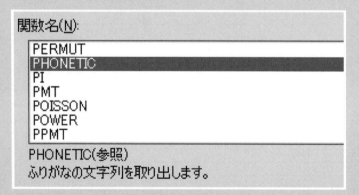

② 関数から「PHONETIC」を選択する。

③ 読ませたい漢字が含まれるセルを「参照」に入れる。

　　（この場合は、B2 の「一郎」を選択する。）

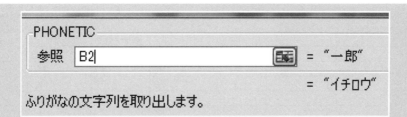

④ 選択したセル（C2）によみがなが表示された。関数の窓の表示にも注目！

	A	B	C	D	E	
1				中間試験	小テスト	
2	1	一郎	イチロウ	65	70	
3	2	二郎		78	80	
4	3	三郎		49	67	
5	4	四郎		88	60	

C2　＝PHONETIC(B2)

■複雑な振り分けを可能にする－「LOOKUP関数」

　IF関数では、「合格」「再試験」の2段階または「A」「B」「C」の3段階に振り分け作業を行った。しかし、実際には、成績だったら、5段階評価の場合や習熟度別指導の際には、児童・生徒を教員ごとに振り分ける作業も発生する。

　その際に便利なのが、「LOOKUP」関数である。

　出てくる用語は少々難しいが、基本的な使用方法を解説するので、頑張ってついてきてほしい。

① 評価のための「基準表」を作成する（次頁図アの部分）。

　この場合は、合計点で評価を判定するとする。

　この時に、ポイントとなるのは、図のように「昇順」（値が小さいものから大きいものへの順番）に基準表を作成する点である。ここだけは、留意しよう。

Lesson
7

	A	B	C	D	E	F	G	H
1				中間試験	小テスト	期末試験	合計	評価
2	1	一郎	イチロウ	65	70	88	223	
3	2	二郎	ジロウ	78	80	57	215	
4	3	三郎	サブロウ	49	67	71	187	
5	4	四郎	シロウ	88	60	55	203	
6	5	五郎	ゴロウ	59	80	73	212	
7	6	六郎	ロクロウ	58	47	65	170	
8	7	七郎	ナナロウ	36	55	87	178	
9	8	八郎	ハチロウ	78	89	54	221	
10	9	九郎	キュウロウ	45	25	68	138	
11	10	十郎	ジュウロウ	96	74	77	247	
12								
13						E	0	以上
14						D	120	以上
15						C	155	以上
16						B	210	以上
17						A	260	以上

↑
ア

アの枠内の「基準表」の意味が分かっただろうか。

E は、0 点以上 120 点未満

D は、120 点以上 155 点未満

C は、155 点以上 210 点未満…　というようになる。

②合計点を見て、評価を判定させる数式を作る。

	A	B	C	D	E	F	G	H
1				中間試験	小テスト	期末試験	合計	評価
2	1	一郎	イチロウ	65	70	88	223	
3	2	二郎	ジロウ	78	80	57	215	
4	3	三郎	サブロウ	49	67	71	187	
5	4	四郎	シロウ	88	60	55	203	
6	5	五郎	ゴロウ	59	80	73	212	
7	6	六郎	ロクロウ	58	47	65	170	
8	7	七郎	ナナロウ	36	55	87	178	
9	8	八郎	ハチロウ	78	89	54	221	
10	9	九郎	キュウロウ	45	25	68	138	
11	10	十郎	ジュウロウ	96	74	77	247	
12								
13						E	0	以上
14						D	120	以上
15						C	155	以上
16						B	210	以上
17						A	260	以上

　私たちが、手作業でこの評定を入れるとすると、例えば、一郎の合計点は「223 点」
だから、「基準表」によると「210」点以上だから「B」である、と判断できる。

この作業を、関数にやってもらおうというのが、この「LOOKUP」である。

　いつものように、評価を書き込みたいセル（例えばここでは「一郎」の「合計点」
を「評価」の欄に書いてみる）H2 を選択して、関数を表示させる。
　「LOOKUP」関数は、「検索／行列」内に入っている。また、似たような名前の関数
があるため、気を付けよう。

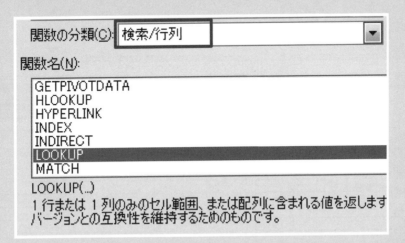

　H2 を選択した後、「LOOKUP」を選び「OK」を押すと、以下のような表示が出て
くる。少し用語が難しいが、「検査値 . 検査範囲 . 対応範囲」を選び「OK」をクリック
する。

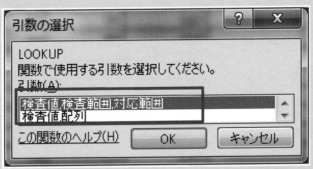

　すると、以下のような表示が出てくる。

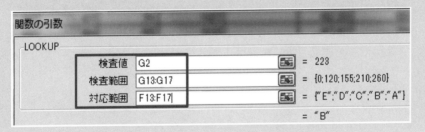

検査値：どのデータを参照するか？
　　　　　（ここでは「一郎」の「合計点」なので、G2）
　　　検査範囲：「基準表」のデータが入っている部分
　　　対応範囲：セルに表示するべき「評価」の部分
という意味である。
　　そして、「OK」。

　　H2 に「一郎」の評価が、「基準表」に基づいて表示された。

	A	B	C	D	E	F	G	H
				中間試験	小テスト	期末試験	合計	評価
1								
2	1	一郎	イチロウ	65	70	88	223	B
3	2	二郎	ジロウ	78	80	57	215	
4	3	三郎	サブロウ	49	67	71	187	
5	4	四郎	シロウ	88	60	55	203	
6	5	五郎	ゴロウ	59	80	73	212	
7	6	六郎	ロクロウ	58	47	65	170	
8	7	七郎	ナナロウ	36	55	87	178	
9	8	八郎	ハチロウ	78	89	54	221	
10	9	九郎	キュウロウ	45	25	68	138	
11	10	十郎	ジュウロウ	96	74	77	247	
12								
13						E	0	以上
14						D	120	以上
15						C	155	以上
16						B	210	以上
17						A	260	以上

H2　=LOOKUP(G2,G13:G17,F13:F17)

　　数式バーを見てみると、
　　　　=LOOKUP（G2,G13：G17, F13：F17)
となっている。
　　わかりやすく解読すると、

　　=LOOKUP（G2,　　G13：G17,　　　F13：F17)
　　　　　　評価を書きこむセル　基準表の数値のセル　評価　という意味

　　H2 に「B」という評価が入ったところで、オートフィル機能で「十郎」までいくと、
またもや、指定した基準表のセル番号まで変わってしまう‼ここで利用するのが、「絶
対参照」である。
　　変えたくないセル番号に「$」をつけて固定させてしまおう
　　すると、

=LOOKUP（G2, $G$13：$G$17, $F$13：$F$17）
　　　　　　　　基準表の数値　　　　　　評価

となる。

	LOOKUP			✕ ✓ fx	=LOOKUP(G2,$G$13:$G$17,$F$13:$F$17)			
	A	B	C	D	E	F	G	H
1				中間試験	小テスト	期末試験	合計	評価
2	1	一郎	イチロウ	65	70	88	223	13:$F$17)
3	2	二郎	ジロウ	78	80	57	215	
4	3	三郎	サブロウ	49	67	71	187	
5	4	四郎	シロウ	88	60	55	203	
6	5	五郎	ゴロウ	59	80	73	212	
7	6	六郎	ロクロウ	58	47	65	170	
8	7	七郎	ナナロウ	36	55	87	178	
9	8	八郎	ハチロウ	78	89	54	221	
10	9	九郎	キュウロウ	45	25	68	138	
11	10	十郎	ジュウロウ	96	74	77	247	
12								
13						E	0	以上
14						D	120	以上
15						C	155	以上
16						B	210	以上
17						A	260	以上

　図の数式バーのようになったところで、オートフィル機能を登場させて「十郎」まで「評価」を入れよう。

　できたかな？

　結果を見ると、評価がBとCだけになってしまった…!!

　予想より合計点が低かったりすると、こういうことはよくある。

	H2			fx	=LOOKUP(G2,$G$13:$G$17,$F$13:$F$17)			
A	B	C	D	E	F	G	H	
			中間試験	小テスト	期末試験	合計	評価	
1	一郎	イチロウ	65	70	88	223	B	
2	二郎	ジロウ	78	80	57	215	B	
3	三郎	サブロウ	49	67	71	187	C	
4	四郎	シロウ	88	60	55	203	C	
5	五郎	ゴロウ	59	80	73	212	B	
6	六郎	ロクロウ	58	47	65	170	C	
7	七郎	ナナロウ	36	55	87	178	C	
8	八郎	ハチロウ	78	89	54	221	B	
9	九郎	キュウロウ	45	25	68	138	D	
10	十郎	ジュウロウ	96	74	77	247	B	

困った…

そこで、「評価」の基準の点数を少し変えてみた。

すると、自動的に「評価」の欄も変わった。

▲	A	B	C		中間試験	小テスト	期末試験	合計	評価
1					中間試験	小テスト	期末試験	合計	評価
2	1	一郎	イチロウ		65	70	88	223	B
3	2	二郎	ジロウ		78	80	57	215	B
4	3	三郎	サブロウ		49	67	71	187	C
5	4	四郎	シロウ		88	60	55	203	B
6	5	五郎	ゴロウ		59	80	73	212	B
7	6	六郎	ロクロウ		58	47	65	170	D
8	7	七郎	ナナロウ		36	55	87	178	D
9	8	八郎	ハチロウ		78	89	54	221	B
10	9	九郎	キュウロウ		45	25	68	138	E
11	10	十郎	ジュウロウ		96	74	77	247	A
12									
13						E	0	以上	
14						D	150	以上	
15						C	180	以上	
16						B	200	以上	
17						A	230	以上	

↑配点を変えてみた。

すると今度は、AからEまで全ての評価が記入された。

よかった…。

というように、「$」マークを付けておけば、「基準表」の値を変更しても、自動的に
「評価」を変えてくれるのが、「LOOKUP」関数である。

便利だ。

今回、Excelの応用編のアクティビティとして2つの関数を紹介したが、他にも非
常にたくさんの便利な関数がある。是非自分たちでも挑戦して、様々な技術を身に付け
てほしい。

レッスン **8**

Word・Excel まとめ

1．表やグラフを用いて学級通信や学年便りを作成しよう

　本テキストでは、レッスン4からレッスン7までWord、Excelを学んできた。ここで、学んできた技術を活用して、クラスや学年、園などから発行される文書を作成してみよう。

・・・実習課題【やってみよう】・・・

　【自分が担任、または担当者になったつもりで、保護者宛て・児童生徒宛ての文書を作成してみよう】

　考えられる例

　［学級通信］［学年だより］［幼稚園だより］

　［クラブ活動の連絡］［課外活動の連絡］［授業参観のお知らせ］

　［個人面談の日程調整］［球技大会の結果報告］［地域清掃の分担連絡］

【様々な活用例】

 さくらんぼ通信　第3号

令和　年　月　日

さくらんぼ組担任　〇〇　〇子

　夏の暑さも日ごとに増してきました。保護者の皆様いかがお過ごしでしょうか。さて、先日行われました運動会では、お忙しい中ご協力いただきありがとうございました。今回のクラス通信では、運動会の様子と、生活グループ替えのお知らせ、最後に父の日パーティーについてご連絡致します。

うんどうかい頑張ったよ！　5月27日（日）

5歳児クラスの種目は玉入れ、かけっこ、リレー、ダンスでした。
同じ5歳児のもも組さんとがんばりました！！

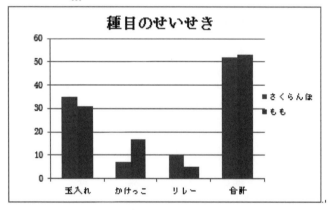

ダンスはみんなで勇気100%を踊りました。
運動会が終わっても、さくらんぼ組さんは勇気100%を気に入って踊っています☆

合計では、少しだけさくらんぼ組さんが勝ったね！おめでとう☆☆

生活グループ

6月の生活グループが決まりました。★マークはリーダーさんです。

みらくるどらごんグループ		ぴかちゅうグループ	
★	あやね	★	ななみ
	ことこ		あずさ
	たろう		こうき
	よしき		たくろう
スーパーマングループ		うるとらグループ	
★	こうたろう	★	あきと
	ゆうと		りょうたろう
	まりえ		あやめ
	ももこ		ゆうこ

このグループで1か月生活します！リーダーさんはみんな初めてですが　がんばろうね！

父の日パーティー

6月16日（日）に、なかよし保育園にて父の日パーティーを行います。
ご都合よろしければぜひお越しください。なお、お母様の参加も可能です。ご参加をお待ちしております。

　　日時　　6月16日（日）　10時〜11時半
　　場所　　なかよし保育園
　持ち物　　スリッパ

伝統文化交流　日程表

クラス	内容 担当教員	教室
2年1組	独楽 遠藤	1－A
2年2組	人形劇 本田	1－B
2年3組	俳句 長友	1－C
2年4組	羽子板 川島	中庭
2年5組	書道 内田	2－D
2年6組	詩吟 長谷部	2－A
2年7組	落語 香川	多目的室

・・・・・・・・・・・・・・・・・・・切り取り線・・・・・・・・・・・・・・・・・・・

伝統文化交流　参加希望票

学年、氏名を記入しいずれかに丸を付けてください。

学年・組：　　　　　　　　　　　　　・参加

氏　　名：　　　　　　　　　　　　　・不参加

横川中学校第二学年
保護者各位

令和　　年 6 月 5 日

横川中学校校長 芥川漱石

伝統文化交流のお知らせ

　日増しに汗ばむ季節となって参りました。皆様におかれましては、ますますご清祥のこととお慶び申し上げます。さて、横川中学校第二学年では、国語科・社会科において日本の伝統文化の奥深さを学び、生徒たちの母国に対する興味関心が一層高まっていることと存じます。

　そこでこのたびは、学校の長期休暇を利用し、生徒たちが年配者の方とふれあい、日本の伝統文化への造詣をさらに深め、伝統文化を継承していくために介護施設において年配者との交流会を行うことといたしました。つきましては以下の通りに記します。

記

日　　時：令和　　年 7 月 10 日 3 時間目、4 時間目、お昼時間
場　　所：老人ホーム「ひまわり」
持 ち 物：上履き、筆記用具、お弁当、飲み物
集合時間：9:30 分に中庭に集合

当日日程
3 時間目(10:05～10:55)：伝統の継承、年配者との交流
4 時間目(11:05～11:55)：グループ別の生徒たちの発表等
お昼時間(12:00～12:50)：老人ホームで会食

参加希望について
生徒の参加・不参加にかかわらず、交流会参加希望票のご提出をお願いします。
日本文化に子どもたちが携わる貴重な機会ですので是非とも参加していただくようお願い申し上げます。

以上

Lesson
8

105

個人面談日程表							
	6月21日(金)	6月24日(月)	6月25日(火)	6月26日(水)	6月27日(木)	6月28日(金)	7月1日(月)
15:00~15:15							
15:20~15:35							
15:40~15:55							
16:00~16:15							
16:20~16:35							
16:40~16:55							
17:00~17:15							
17:20~17:35							
17:40~17:55							

　個人面談につきましては、以上の日程で行うので希望票にご都合の良い日・時間を書いて提出してください。個人面談は全員参加となっておりますのでご了承ください。なお、以上の日程ではつごうが悪い方はご連絡ください。こちらで調整を行います。

--------------------------------切り取り線--------------------------------

個人面談参加票

クラス＿＿＿＿＿　氏名＿＿＿＿＿＿＿＿＿＿＿

希望日等を書いてください。

コラム ③　中学校での SNS の疑似体験を通した情報モラル教育

荒巻　恵子

　中学校段階の生徒たちは、携帯電話アプリの LINE や、ウェブサービスの Facebook・Twitter といった SNS（ソーシャルネットワークサービス）による新しいツールを使って、友人とのコミュニケーションを拡げています。一方で、SNS 上のコミュニケーションの意思疎通がうまくいかないことから発生する心の問題や、心の問題が発展して起こるとされる誹謗中傷の書き込みをしてしまう問題が発生します。このような生徒に起こる問題は、対面ではないオンライン上のコミュニケーションであるだけに、教師にも見えないトラブルとして、表面化したときには、解決の難しいトラブルに発展しています。中学校段階のこうした問題を未然に防ぐために、学校教育では生徒指導の一貫として情報モラル教育を行っています。情報モラル教育の具体的な内容として、コミュニケーションツールの使いかた、オンラインとオフラインとのコミュニケーションの違い、モダリティの少ない SNS 上でのコミュニケーションの光と影の課題を学習します。

　ここでは、中学校で導入されている校内ネットワーク機能にあるコミュニケーションツールを活用した、SNS 上のトラブルの疑似体験を通した取組を紹介します。

　A 中学校に導入されている学校内の閉じたネットワークには、生徒同士で使える掲示板があります。A 中学校の生徒指導では、掲示板を使って、生徒が日常生活で使う LINE などの SNS 上で起こるトラブルについて、ロールプレイを行い、生徒は、疑似的体験から学習します。生徒は登場人物である「携帯電話を手放せない生徒 A」、「携帯電話を使い始めたばかりの生徒 B」、「携帯電話操作が得意な生徒 C」になって、お互いがもつ SNS 上の課題への解決を図ります。

　掲示板の内容や、そのやり取りは、学級内の全員が閲覧することができ、どの段階の投稿に問題があったのか、どのような投稿であれば、相手が嫌な思いや感情を抱くことがなかったかを話し合います。また、場面ごと、どのような気持ちになったか、当事者の想いに迫りながら、SNS 上でのコミュニケーションにおいて、どのような投稿をしたら良いか、常に相手の感情を考えながら投稿することや、さらに、どのような行為が悪いことなのか、良いことなのかを、体験から学習をします。

　この授業では、生徒自身で発見した登場人物の課題は、「生徒 A はネットへの依存症」、「生徒 B は SNS 上でのトラブル」、「生徒 C はアダルトサイトなど閲覧防止」でした。

　この後、生徒は登場人物「生徒 A、生徒 B、生徒 C」の課題の原因について調べ、解決を図るために取組みたいことを議論しました。そして、実際にネット依存症になった人の話を聴くことや、SNS 上でのトラブルにあったことなどを話し合うことをクラス全体に提案しました。

　この SNS の疑似体験を通した情報モラル教育は、生徒自身が考えて学ぶ学習の取組です。

学びのための情報検索

レッスン **9**

1．学生としての情報検索

（1）論文・専門書籍の検索サイト

　インターネット検索と聞くと、「今さら教えてもらわなくても」と考える学生が多いだろう。たしかに、google など一般的な検索エンジンは非常に良くできているため、日常生活で様々な情報を得るためには十分な機能を備えている。

　しかし、一般的な検索エンジンは、それゆえに専門的な論文や書籍を検索をする際には、むしろ困ったことが起こるのである。その理由は

　　・人気サイト（アクセス数の多いサイト）を上位にヒットさせること

　　・「余計な」情報をヒットさせてしまうこと、である。

　当然のことだが、専門的な論文の検索をする人などそれほど多くはないため、アクセス数でランクを付けた場合下位に表示されることになる。また、通常「キーワード検索」を行うため、論文のタイトルを正確に入力できなければ、「余計な」情報の方が優先的にヒットしてしまう現象がしばしば起こる。例えば、「小学校でのいじめの原因」について書かれた論文を検索しようとして「いじめ　小学校」などと検索をかけた場合、論文よりもブログや新聞記事などがヒットすることは想像できるだろう。

　また、学校（教育）系の書籍や記事は玉石混淆であり、例えば「不登校」を取り上げても

　　・強制的にでも復学させるべき

　　・不登校はむしろ推奨される

等々、様々な主張（教育論）が、必ずしも教育関係者ではない著者－不登校の当事者も含めて－からも発信されている。興味の対象として読むのはともかく、こうした書籍や記事は、あなたがレポートなどを書く際に学問的な知見として参照するのは不適切であろう。

このため、論文や専門書の検索のためには専用のサイトを利用することが多い。ここでは、教職課程の学生を対象として

　　ア）国立情報学研究所（NII）が運営する「CiNii Research」

　　イ）国立教育政策研究所（NIER）が運営する「教育図書館」

　　ウ）アメリカ教育省（U.S. Department of Education）が運営する「ERIC」

の3つのデータベースを紹介する。

　ア）は広範な分野を網羅した論文・学術書検索サイトであり、文系・理系を問わず様々な分野の論文を検索することが可能である。イ）とウ）は教育（学）に限定された論文・学術書の検索サイトであり、ウ）は英語で執筆された教育論文の検索に用いる。

ア）CiNii Research（サイニー・リサーチ）

　上で述べたように、CiNii Research は様々な学術分野に関わる論文・書籍・記事などを統合的に検索することができるオンラインデータベースである。キーワード（フリーワード）でも検索可能だし、著者名・所属大学名などでも検索をすることができる。

　ヒットした論文は、常に全文が読めるとは限らないが、その掲載誌（学会誌など）の発行団体、所有している大学名も一覧で表示してくれるので、機関リポジトリにアクセスをしたり、自分の大学図書館が所蔵しているかどうかを調べたりして、所蔵しているならば図書館で読むことも可能である。

　CiNii とはリンクしていなくても、発行元（例えば学会誌であればその学会）のHPで論文が無料公開されている場合がある。論文検索をしてその論文の収録雑誌や出版者情報を確認したら、発行元のHPで論文が公開されているかどうか調べてみることも可能であろう。

イ）教育図書館

　国立教育政策研究所が運営するデータベースであるため、教育系の論文・書籍・記事等に特化した検索が可能となっている。したがって、教職課程の学生が教職に関わる課題のレポートを書く際にはこちらを用いた方が、「余計な」情報を排除することができて便利かもしれない。

　このデータベースの特長は、教育系の雑誌記事なども網羅している点である。そのため、現職の教員が執筆した実践記録、座談会、エッセイなども調べることが可能となっている。例えば「社会科の〇〇の授業でどのような資料を使っているか調べたい」など、研究論文ではなくて実践記録が知りたい場合などは、「教育図書館」を用いる方が良い。

　もう一つの特長は、教育に関する各種資料の閲覧が可能な点である。例えば戦後の検

定教科書、教師用指導書（小・中学校）などがデータとして閲覧ができる。教職課程の受講者はあまり関心がないかもしれないが、教育学部の学生では見ておきたいと考える人もいるだろう。

ウ）ERIC

　ERIC － Education Resources Information Center は、主に英語で書かれた教育系の論文を収録したデータベースである。英語で書かれた、ということで著者が日本人である論文ももちろんヒットする。

　学部生が英語論文を読む機会はそれほど多くはないだろうが、卒論など必要なときには使うことができるようにしておきたい。

　これらのデータベースを効果的、効率的に使うためにはそれなりの知識（シソーラス、正規表現、ブール演算など）が必要となるが、それぞれの詳しい使い方は図書館学や教育方法学等の授業に譲る。ここでは簡単な検索を実際にやってみよう。

・・・実習課題【やってみよう】・・・

① 「CiNii」（サイニイ）・「教育図書館」のそれぞれのサイトをブラウザ上に出して下さい。

②あなたが関心ある教育課題（「いじめ」「体罰」など）をキーワードとして論文や書籍を検索しなさい。そこから本文を読むことができる論文を探し、読んでみましょう。

＊「CiNii PDF - オープンアクセス」と表記のある論文は全文を読むことが可能です。

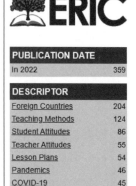

③ ERIC をブラウザ上に出し「lesson study」で検索をかけてみて下さい。どのような論文が出てきましたか？

＊ lesson study ＝「授業研究」は日本が最先端の分野です。したがって日本に関連した論文、著者が日本の大学に所属している英語論文が数多くヒットします。

ERIC

Notes FAQ Contact Us

Collection \ Thesaurus
lesson study   Search Advanced Search Tips

☐ Peer reviewed only   ☐ Full text available on ERIC

In 2022 ✕

PUBLICATION DATE
In 2022   359

DESCRIPTOR
Foreign Countries   204
Teaching Methods   124
Student Attitudes   86
Teacher Attitudes   55
Lesson Plans   54
Pandemics   46
COVID-19   45
Elementary School
Students   43
Distance Education   41
Preservice Teachers   40
Faculty Development   36
More ▼

SOURCE
Education and
Information...   12
Cypriot Journal of...   9
Participatory
Educational...   8
European Physical
Education...   7
International Journal
of...   7
Online Submission   7

Showing 1 to 15 of 359 results Save | Export

Continuous Improvement Lesson Study: A Model of MTE Professional Development
Dick, Lara K.; Appelgate, Mollie H.; Gupta, Dittika; Soto, Melissa M. – Mathematics Teacher Educator, 2022

📖 Peer reviewed
📖 Direct link

A group of mathematics teacher educators (MTEs) began a lesson study to develop a research-based lesson to engage elementary preservice teachers with professional teacher noticing within the context of multidigit multiplication. Afterward, MTEs continued teaching and revising the lesson, developing an integrated process that combined lesson study...

Descriptors: Mathematics Teachers, Teacher Educators, Faculty Development, Communities of Practice

Lesson Study and 21st-Century Skills: Pre-Service Teachers Reason, Produce and Share
Yesilçinar, Sabahattin; Aykan, Ahmet – Participatory Educational Research, 2022

📖 Peer reviewed
📄 Download full text

Being a collaborative professional development model and contributing to the collaboration and communication skills of the group members, lesson study was coined in Japan and has been applied in many countries since then, which supports and enhances the professional development of teachers or pre-service teachers. Although literature abounds in...

Descriptors: Lesson Plans, 21st Century Skills, Preservice Teachers, Preservice Teacher Education

Teachers' Learning in Lesson Study: Insights Provided by a Modified Version of the Interconnected Model of Teacher Professional Growth
da Ponte, João Pedro; Quaresma, Marisa; Mata-Pereira, Joana – ZDM: Mathematics Education, 2022

📖 Peer reviewed
📖 Direct link

In the research reported in this paper, using a modified version of the interconnected model of teacher professional growth (IMTPG) proposed by Clarke and Hollingsworth (Teaching Teacher Educ 18:947-967, 2002), we aimed to understand the learning dynamics in a lesson study of a group of five teachers of grades 5,6, during their work around...

（2）図書検索－ OPAC（オーパック：Online Public Access Catalog）

　レポートなどを書くときに、あなたはどのように参考図書を探すだろうか？　大学図書館に出向き、関連しそうな棚の書籍を色々と探してみるという人も多いだろう。確かに実際に書棚を見ることで、思いもよらない書籍との出会いを経験することはある。けれども、その方法は「効率的」とはいえないだろう。必要とする書籍を効率的に探したい場合、また、自分の大学にないけれども読んでみたい書籍や雑誌、紀要類がある場合、そうした場合に利用するシステムが OPAC である。

　OPAC は「Online Public Access Catalog」という呼称の通り、全国の図書館をオンラインでつないでそれぞれの図書館の蔵書目録をカタログ化したシステムである。ネットワークに接続されたコンピュータ上から、探したい書籍について「どこの図書館にあるか」を探し出してくれる。もちろん自大学にある場合でもヒットするので、普通の蔵書検索システムとしても利用することができる。

　OPAC の使い方は、入学時に図書館の紹介や演習授業等で詳しく実施すると思うので、詳細については、そちらで学んで欲しい。

Lesson
9

　通常、学部の学生が OPAC で見つからないほど希少な書籍を探すことは少ないと思われるが、仮に見つからなかった場合はどうすべきだろうか。

○ 国立国会図書館（NDL-OPAC）で検索してみる

　日本で出版された通常の書籍は国立国会図書館に所蔵されている場合が多いので、こちらを探してみる方法もあるだろう。

○ 洋書や英語の場合は British Library Public Catalogue のサイトから検索をすると、新聞記事なども含めて見つかる場合がある。

次に、探していた論文や書籍が自大学の図書館にない場合はどうしたら良いだろうか？特に大学内で発刊する紀要関係の論文などを読みたい場合は困ることがある。そうした場合にはILLという方法を使う。

ILLとはInter-library loan（図書館間交換）の略称で、必要な書籍の貸借やコピーサービスなどを図書館相互で実費で行ってくれる仕組みである。必要ならば図書館カウンターに行き、「ILLをお願いします」と依頼してみることをお勧めする。

費用としては、1ページあたりコピー代が40〜50円。それと郵送費が必要となる。書籍や雑誌をまるごと借りる場合には、1500円くらい必要となる。届くまでに1週間程度はかかるので、もしレポートなどで必要になる場合は早めに申し込むことが大切である。

・・・実習課題【やってみよう】・・・

CiNiiなどで検索した論文が掲載されている雑誌・紀要などがどの大学図書館にあるか、OPACを使って検索してみて下さい。

2．児童生徒に検索を実行させる上で必要な知識、育成すべき能力

前節では、学生としてのあなたが大学で学ぶための検索について述べた。しかし、教職課程を履修しているあなたは、将来教育実習に行ったとき、教員になったときに、実際に児童生徒に対して、インターネットを用いた検索の方法・注意事項・知っておくべき知識＝情報活用能力を身につけさせなければならない。あなたが知っていることと、それについて指導できることは当然違う。あなたが教員として授業や教育活動で利用をすることは全く別問題であることを理解した上で、例えばインターネット検索について、いったいどのようなことを指導する必要があるだろうか？

インターネットを用いた検索については、年齢・校種によって必要とすべき能力や知識は当然異なる。また、検索以前の問題として、学校教育におけるインターネットの利用に関わる方針は自治体（市町村）によっても異なっている。そのため一律に論ずることは実は難しい。

そこで、まず検索を指導する前提として、学校教育の中でPCやインターネットの利用について、どのような点に注意をしておくべきかを以下にいくつか述べておきたい。

（1）前提として、学校での PC、インターネット活用のために知っておくべきこと

① 学校に導入されている PC は少なくとも3種類ある

　2022年3月現在で、全国の小中学校 98.5% には一人一台の PC が導入されているが、その機種（OS）には少なくとも3種類がある（2021.8　文科省調べ）。これは高校においても同様である。

- ・ChromeBook（ChromeOS）40.1%
- ・WindowsOS　30.4%
- ・iOS　29.0%

　あなた方になじみのある WindowsPC は、現在の学校ではむしろ少数派なのである。この本で学ぶ教職課程の学生では ChromeBook（ChromeOS）など見たことも触ったこともないという人もいるだろう。したがって、検索以前に、教育実習に行ったときにあなた自身が PC の操作に戸惑うということにもなりかねない。実際、ChromeBook の場合、電源の切り方が分からないという学生もいる。当然だが、検索の前提となるブラウザもそれぞれの OS で種類が異なる。

　つまり、あなた自身が少なくとも3種類の OS について基本操作程度は学んでおかなければ指導もできないということである。

② 学校のインターネットには何らかの制限がかかっており、それは自治体によって異なる

　例えば

・A 自治体

　google 検索そのものが使えない、制限がかかっている

・B 自治体

　google 検索は利用可能だが、youtube など、特定のサイトが閲覧できなくなっている

・C 自治体

　自治体教育委員会が定めたサイト以外は閲覧ができなくなっている

　この場合、A 自治体の小中学校に教育実習に行った場合、google 検索はできないし、B 自治体に行った場合は、ヒットしたサイトが見られないということも起こる。このような特定のサイトに制限をかける手法をブラックリストという。

　一方 C 自治体の場合は、検索そのものをやっても無駄、という結果になりかねない。こちらはホワイトリストといって、教育委員会が利用可能なサイトを事前に登録しておき、それ以外はアクセスができない仕組みとなっている。こうした自治体（学校）の場合、授業で使いたいサイトはあらかじめ教育委員会に申し出をして、登録をしてもらわなければならない。

特に、義務教育（小中学校）ではこうした「制限」が皆無である学校はないと思った方が良い。従って、教育実習などに行った際にも、それぞれの自治体のポリシーを事前に承知しておかなければならない。

③教室で40名が一斉に検索をかけるとネットの接続ができなくなることがある

　現在、日本全国全ての小中学校で一人一台のPCが導入（GIGAスクール構想）されている。それに合わせて高校での一人一台化も着々と進んでいる。それ自体は良いことだが、ネット（wifi）回線の整備がそれに伴っていない自治体も（多数）見られる。

　こうした学校では、安易に検索を指示すると、それだけで授業が止まってしまう結果となる。グループ活動を導入するなど、授業の中でも工夫が必要であろう。

（2）何を指導すべきか

　ここでは義務教育修了時までに、児童生徒が最低限知っておきたい知識、それに伴う指導事項を示しておく。

①検索サイトやキーワードによって検索結果には相違があるということ

　私たちは普段知りたいことがあるときに、思いつくままにキーワードを検索窓に入れることが多い。例えば「大根の花の色や形について知りたい」と思った場合、あなたはどのようなキーワードを入れるだろうか？

　通常、「大根　花」といった単語を入れることが多い。しかし、よく考えてみると「大根」は「ダイコン」「だいこん」でも検索可能であるし、キーワードを入れる順番にしても「花　大根」とすることも可能である。こうした検索キーワードの「揺れ」や順序の違いは検索結果に影響するだろうか？

・・・実習課題【やってみよう】・・・

Google、Yahoo! きっずの2つの検索サイトを用いて
①「大根　花」とキーワード検索を行い、両サイトのヒット数を調べて下さい。
②「大根　花」と「花　大根」でのヒット数を調べて下さい。
③「大根　花」「ダイコン　花」「だいこん　花」「大根　はな」でヒット数を調べて下さい。
④以上の結果から、あなたが気付いたことと、その中で児童生徒に伝えるべきことを考えて下さい。

　実際にやってみれば分かるが、キーワードの表記、順序によって検索結果もヒット数も変わる。上図で見ると、「ダイコン　花」の方がヒット数が 300 万件も多いことが分かるし、当然、どのような情報が表示されるかも変わる。

　したがって、思いつくままにキーワードを入力するのではなく、よく考えてキーワードを案出することが必要である。特に、一般的では無いような事象を調べる際には、このキーワードの違いが結果に大きな差をもたらすことになる。

②URL の基本的な構造とドメイン名─どのような情報を調べるか

　URL は一般に「アドレス」などと言われることがある、インターネットサイトの「住所」表示である。インターネットはアメリカで開発された技術であることは知っていると思う。したがって、インターネット上の URL には、アメリカ式の表示方式が使われている。

　　例）東京都千代田区霞が関三丁目 2 番 2 号

　　例）3-2-2 Kasumigaseki、Chiyoda-ku、Tokyo

　上の住所は、文部科学省であるが、日本式の住所表示では大きな自治体名→番地という順序となっている。一方英語表記では小さな番地→大きな自治体（Tokyo）という順序となる。インターネットの Web サイトを表示する URL も英語表記であるから、例えば文部科学省の場合

　　例）http://www. mext. go. jp/

と表記される。以下、上記の URL の意味を解説する。

ア）HTTP

　「Hyper Text Transfer Protocol」の略称で、Web ページを記述するための言語で書かれた文書などの情報をやりとりする時に使われる通信手順（プロトコル）を意味する。もちろん通信手段は http だけではない。インターネットをよく使う人ならば、HTTPS、SSL、FTP な

どの表記を見たことがあるだろう。これらは全てプロトコルの種類を表している。つまり、ここでは http という通信手順を用いる、と最初に宣言しているわけである。

イ）mext.go.jp

　この部分を通常「ドメイン名」と言う。ピリオドで区切られた一番右側の jp の部分をトップドメイン、以下、セカンド・サードというように右から左に向かって順番が付いている。サードドメインである mext は文部科学省の英語表記　Ministry of Education、Culture、Sports、Science and Technology の略称である。次に go は政府機関である government の略称。最後のトップドメイン jp は当然理解できるだろう。

　つまり、この表記は「文部科学省・政府・日本」という意味で、同時にインターネット上の住所を表していることが分かる。

　つまり、URL、特にドメイン名を読めば、そのサイトがどのような性質のサイトなのかをある程度判断することができるということである。児童生徒が検索結果を調べる際、それがどのようなサイトの情報なのか、を確認させることは非常に重要である。常に言われていることだが、インターネット上の「情報」は玉石混淆で、しかもどちらかと言えば不確実な情報の方が多い。そうした中から、「確実な」情報を児童生徒が見つけ出す際には、URL を確認するというのは、一つの有効な手段である。

　一般に（小中学生の調べ学習などで）ある程度信頼がおけるドメインとしては

　　go.jp　政府機関や独立行政法人など

　　ac.jp　大学など高等教育機関（academic の略称）

　　lg.jp　地方公共団体（都道府県や市区町村の役所など　local government の略称）

が挙げられる。

　それ以外のドメインでもむろん信用に足るサイトは数多くあるが、そうでないサイトもあり、その判断＝情報の取捨選択が（小中学生に）可能かどうかが難しい。したがって、「調べ学習」の資料としては上記のドメインを最初に用いるようにしたい。

　このドメインの確認は、「調べ学習」だけではなく、情報セキュリティのためにも理解をさせておく必要がある。令和4年3月時点での総務省の調査によれば、11歳（小学校6年生）のスマホ所有率は61.8%、14歳（中学3年生）で90.9%となっており、児童生徒のスマホに悪意のある「スパムメール」が届く可能性は高い。

　下図は筆者に届いた悪意あるスパムメールの一例である。

○○○○銀行 SMBC ダイレクトご利用のお客様
セキュリティステムを更新のお知らせと登録情報確認のお願につきまして
詳細：
https://yzsjsjx.cn/mem/login.php?inav=iNavLnkLog</A>

ご確認をいただけないい場合、ご利用の口座に制限がかされる恐れがございますので、
予めご了承下さい。
お客様にはご迷惑ご心配をお掛し、誠に申し訳ございません。
【メールの内容に身に覚えがない場合】
本メールに対するメールでのご返信やお問い合わせはお受けしておりません。メール
の内容に身に覚えがない場合や、サービス等についてくわしく知りたい場合は、当行
ホームページをご覧いただくか、以下より電話番号を確認の上、お問い合わせくださ
い。
> <A
href="https://yzsjsjx.cn/mem/login.php?inav=iNavLnkLog">https://yzsjsjx.cn/mem/
login.php?inav=iNavLnkLog</A></P>
<P>

【メールアドレスや配信設定の変更】SMBC ダイレクトにてお手続ください。
<A
href="https://yzsjsjx.cn/mem/login.php?inav=iNavLnkLog">
https://yzsjsjx.cn/mem/login.php?inav=iNavLnkLog</A>

発行：株式会社○○○○銀行
東京都千代田区丸の内一丁目 1 番 2 号
加入協会
日本証券業協会　　一般社団法入金融先物取引業協会
一般社団法人第二種金融商品取引業協会
本メールの内容を無断で引用、転載することを禁じます。

Lesson
9

　一見、日本の大手銀行から発信されたメールのように見えるが、リンク先を確認すると
トップドメインは cn、すなわち中国となっている。さらに、このような場合はメールの送
信者アドレスを確認するように指導したい。

差出人	:■■■■カード <contact.vpass.ne.jp@cicaiwang.cn>
受信日時	:2022/06/21 07:10:34
あて先	:■■■■■■■■■■
CC	:
件 名	:【■■■■銀行】ご登録お客様情報の定期的な確認のお願いにつきまして

　差出人のアドレスを確認すると「@cicaiwang.cn」と同じく中国のアドレスであること、当該銀行とは全く関係のなさそうなアドレスであることが一目でわかる。

　実はさらに詳しくURLを読めば、アクセスした（リンクをクリックした）時点で、その人物の情報を取得する仕掛けとなっているらしいことも読み取れる。

　このようにドメインとは何か、そこからどのような情報を読み取ることができるのかという基本的な知識を持っているだけで、自身の情報を守ることができるのである。

③一次資料の活用

　②で述べたように、ある程度信頼のおけるサイトがある場合は良いが、調べ学習では必ずしもそうはいかないケースもあるだろう。そうした場合、「一次資料」としてのサイトにあたる習慣を児童生徒には伝えたい。

　インターネットの世界では情報の「子引き」「孫引き」が横行している。ある事柄について調べる時に、必ずしも「一次資料」がトップでヒットするとは限らない。私たちはヒットした一覧の最初のいくつかのサイトを調べて、それで「分かったつもり」になって引用することが多い。しかし、それが間違った情報の「孫引き」である可能性があることを承知しているだろうか？

■・・実習課題【やってみよう】・・・■

　　奈良東大寺の大仏の重さはどのくらいでしょうか？　ネット上で調べると4種類の説が出てきます。その4種類を探してみて下さい。
　また、それらの中でどれが正しいかを判断して下さい。

　ある事柄を調べる際、学生の間では、しばしば wiki（wikipedia）が用いられる。しかし、wiki の内容は正確さを保証したものではなく、特に社会科学関係（近代史など）ではしばしば「編集合戦」が行われていることは周知の事実である。

　このような場合は、ネット上においても必ず「一次資料」にあたる習慣を身につけたい。前記の【やってみよう】で言えば、当然「東大寺」のサイトにあたるべきであり、そこで書かれていなければ、「分からない」がとりあえずの正解なのである。その上で、例えば論文や専門書を検索して正解を探してみるなどは、児童生徒が行うことではなく教員としての教材研究の範疇に属する仕事となるだろう。

　以上を最低限の知識として児童生徒に指導した上で、例えば以下のような問題を出題してみてはどうだろうか？　まずは、あなた自身が取り組んでみて欲しい。全て一次資料に当たることが可能である。例えば①や④なら厚労省であろうし、⑧、⑨なら当然文科省ということになろう。もちろんそれ以外にもこうした情報を提供しているサイトは数多くあるが、それが正確であるという保証はどこにもないのである。

Lesson
9

・・・実習課題【やってみよう】・・・

① 通称「ケアマネジャー」といわれる公的資格。正確に言うと？

② 国内で、海に面していない県は何県ある？

③ 京都にある金閣で有名な鹿苑寺は何宗の寺院？

④ 看護活動を行う男女の名称が看護師に名称変更されたのは西暦何年か？

⑤ ヤフーの 2020 年度検索ワードランキングで総合第一位のワードは？

⑥『コンピュータは考える』という本は学内に所蔵されている。学内のどこに行けば借りられるか？

⑦ 2011 年の世界遺産委員会終了時点で、世界遺産の数が最も多い国はどこ？

⑧ 2021 年全国の大学院修士課程に進学した学生のうち、30 歳以上の割合は何％か？

⑨ 2020 年から 2021 年の 1 年間で日本の小学校の数はいくつ増えたか、または、減ったか？

⑩ 浅草雷門にある大提灯の重さは約何キロ？

レッスン**10**

ネット社会とモラル

1．はじめに

　パソコンやタブレット端末、スマートフォンが普及し、さらに GIGA スクール構想の実現により、小学生から一人一端末持つ時代となった。また、それらの端末はネットワークに接続され、様々なサービスを受けられるようになった。ネットワークに接続ができようになるということは、大人も子どもも同じ社会の中で生活することになる。またネットワークには国境もないことから、世界中の人たちと一緒のネット社会で生活することになる。

　一つ考えてみよう。我々が生活している土地や道路には様々なルールやマナーがある。そして、自転車などの便利な乗り物も使うことがあるであろう。では、どのように子どもが一人で出歩けるようになったのであろうか。多くの子どもたちは、親に手をひかれながら、「車が来るから端に寄りなさい。」、「赤信号の時は、横断歩道で待たないといけないよ。」、「青信号になっても、車が来ないか確認するんだよ。」などと教えられ、覚えていったのではなかろうか。さらに、自転車に乗れるようになるには、自転車に乗る練習はもちろんのこと、さらに細かな周囲の危険性や、自分が加害者になり得る危険性も教えられたのではなかろうか。

　さて、このことをネット社会に置き換えて考えるとどうであろうか。子どもにパソコンやタブレット端末、スマートフォン等を渡して、世界中の人が使うネット社会に、大人がルールやマナーを教えることなく一気に踏み込ませて大丈夫であろうか。使いすぎないように時間を決めるというのは、夜は危ないから外には出ない、雨が降っている時には自転車には乗らない、ということと似ている。しかし、これだけの約束だけでは心もとない。ネット社会においては端末の扱い方を指導するのと同時に、ルールやマナーが存在すること、そしてどのようなところに危険が潜んでいるのかを学ばせる必要がある。本レッスンでは子どもたち

がインターネットを使う上での学校教育と家庭教育の在り方について考えていきたい。

２．情報モラルとは

....

　現在、子どもを含め多くの人が使用する情報端末の多くは、インターネットに接続されている。インターネットバンキングなどをはじめ、お金のやり取りもインターネットを通してできるようになった。それに伴い、自分のことは自分で守る情報安全が必要となる。また、皆が使うインターネットだから、ルールやマナーも存在する。さらにインターネットは巨大な情報の集まりであるという解釈もでき、検索語を用いて容易に情報を得ることができる。しかしその情報は、正しい情報ばかりとは言い難い。そうなると、情報を受け取る側は、その情報が本当に正しいのか否か、それを判断する能力も必要になる。

　そこで本節では，「情報化社会の新たな問題を考えるための教材 ～安全なインターネットの使い方を考える～ 指導の手引き　─令和２年度 追加版─」（2020）に掲載されている，『すべての先生のための「情報モラル」指導実践キックオフガイド』(2007) に沿って検討を加える。なお、こちらは発行されてから時間が経っているが、令和の時代に入った今でも、この概念が生かされている。

　　（1）情報社会の倫理
　　（2）法の理解と遵守
　　（3）安全への知恵
　　（4）情報セキュリティ
　　（5）公共的なネットワーク社会の構築

に大きく分けて検討していく。

（1）情報社会の倫理

　ICT の活用のみならず、自分の行動や発言には責任をもつことが求められている。また自分の行動や発言が他者の権利を奪うことがあってはならない。このことは、情報の分野であっても同様である。約束を守ること、自分の言動が社会に対して大きな影響を与えるようなものになってしまう可能性があることを知っておくことが必要である。また、自分が制作したもの、他者が制作したものを尊重しなくてはならない。

　先にも記したが、ICT 機器の多くはインターネットに接続されている。端末の見えない先には相手が存在しているという意識をもって行動をしないとならない。悪ふざけや冗談、文字、スタンプでは、誤解を生じることがある。ましてや、相手を傷つけたり、権利を侵害し

たりすることはもっての外である。相手が目の前にいないために、軽率な行動をとる場合があるのであろう。自分が発信した書き込みは、たとえ匿名であったとしても必ずや特定されるということも指導しておかないとならない。情報の匿名性はないということである。

　小学校の教育現場では、子どもが作った作品を掲示することが多くあるであろう。その作品は制作した本人のものであり、アイディアも本人のものである。展覧会や学習発表会において、作品に手を触れないということは当然のことと指導されている。情報を扱う場面ではどうであろうか。直接、手を触れるという場面はないが、アイディアや文字、画像等のコピーは容易にできてしまう。これらを勝手に自分のものとしてしまうことには大きな問題がある。特に人格権や肖像権、著作権に関して問題がないか、常にチェックしながら情報社会の中で活動することが大事である。時に、大学生や研究者等による課題や論文などの不正コピーがニュースになることがある。小学生の初期の段階から、自分のものと他人のものを区別するという学びをしっかりと構築しておく必要がある。

表1　「情報社会の倫理」による分類①

小学校低学年	発信する情報や情報社会での行動に責任をもつ。	約束や決まりを守る。
小学校中学年		相手への影響を考えて行動する。
小学校高学年		他人や社会への影響を考えて行動する。
中学校	情報社会への参画において、責任のある態度で臨み、義務を果たす。	情報社会における自分の責任や義務について考え、行動する。
高等学校		情報社会において、責任ある態度をとり義務を果たす。

　表1によれば、単に情報教育のみに関わらないことが分かるであろう。特別の教科道徳をはじめ、学校教育全体で取り組むべきである課題であると解釈できる。自分も大切にするが、相手も大切にするという意識を育てないとならない。

　表2は、自分のものと他人のものを区別するという倫理観が重要であることを示している。たとえ、HP上などに指導案や感想、コメントなどが掲載されたとしても著作権が発生しており、それをコピーすることは倫理に反する、という認識をもたせたい。また、友達の写真を許可なくSNS等で上げるということなども大きな問題となる。芸能人やキャラクターの写真などを許可なく、SNSなどに上げることなども大きな問題となる。ついやってしまいがちではあるが、ICTがゆえコピーが簡単であるので、情報モラル教育にて自己をコントロールできる人材を育成する必要がある。

表2　「情報社会の倫理」による分類②

小学校低学年	情報に関する自分や他者の権利を尊重する。	人の作ったものを大切にする心をもつ。
小学校中学年		自分の情報や他人の情報を大切にする。
小学校高学年		情報にも、自他の権利があることを知り、尊重する。
中学校	情報に関する自分や他者の権利を理解し、尊重する。	個人の権利（人格権、肖像権など）を尊重する。 著作権などの知的財産権を尊重する。
高等学校		個人の権利（人格権、肖像権など）を理解し、尊重する。 著作権などの知的財産権を理解し、尊重する。

（2）法の理解と遵守

　「法の理解と遵守」というと、かなり堅苦しい感があるが、「ルールやマナーを守りましょう」といえば理解しやすいであろう。ルールは、いわゆるきまりであり、必ずや守らなくてはならない規則である。マナーは、人として生きていく上において、相手を気遣い、皆が気持ちよく生活できるための行いであるととらえるとよいであろう。

　ルールは、法律と大きく関わる。いわゆる違法性がある状態である。著作権があるものをアップロードする、違法性があるものを承知してダウンロードするなどもこれにあたる。映画や音楽などの違法サイトがニュースに上がることがあった。一度、自分の通信端末を確認して欲しい。これらに該当するものはないであろうか。また、インターネットを経由した契約も問題となることが多い。インターネット端末では、クリックもしくはタップ1回で予期しない契約をしてしまう可能性があるからである。例えば、何からの申し込みをしたとしよう。すると契約約款が長々と表示される。そして、「同意する」にクリックもしくはタップして、契約を交わしてしまう。その約款をきちんと理解していたであろうか。ここにトラップを仕掛けるのが、ワンクリック詐欺となり得る。インターネットの利用は、加害者にもなり得、被害者にもなり得ることを理解しておきたい。

　マナーは、社会でよりよく生きていくための所作といってよいであろう。日常生活の中でも、相手を気遣う場面というのはよく存在する。狭い道では、相手を先に通す。ドアを押して通るときに、後に通る人のためにドアを押さえておく、のように。いわゆる相手目線に立った対応ということになるであろう。情報教育において、相手に直接触れ合う場面はない。しかし、次のような場面が考えられるのではなかろうか。この時間に発信をしたなら、相手は既に休んでいる時間なのではないか。このメッセージは、相手に伝わりにくいので、誤解を受けないように対面で伝えた方が良いのではないか。さらに自分が相手に送る添付資

料にウィルスが感染していないか、検査をしてから送ろう。このサイズの写真は容量が大きいので、リサイズしてから送ろう。等々、相手の立場に立った所作ができる子どもを育成することが必要である。これらをまとめると表3のように分類できる。

表3　「法の理解と遵守」情報社会の倫理による分類

小学校低学年		
小学校中学年	情報社会でのルール・マナーを遵守できる。	情報の発信や情報をやりとりする場合のルール・マナーを知り、守る。
小学校高学年		何がルール・マナーに反する行動なのかを知り、絶対に行わない。 「ルールや決まりを守る」ということの社会的意味を知り、尊重する。 契約行為の意味を知り、勝手な判断で行わない。
中学校	社会は互いにルール・法律を守ることによって成り立っていることを知る。	違法な行為とは何かを知り、違法だとわかった行動は絶対に行わない。 情報の保護や取り扱いに関する基本的なルールや法律の内容を知る。 契約の基本的な考え方を知り、それに伴う責任を理解する。
高等学校	情報に関する法律の内容を理解し、遵守する。	情報に関する法律の内容を積極的に理解し、適切に行動する。 情報社会の活動に関するルールや法律を理解し、適切に行動する。 契約の内容を正確に把握し、適切に行動する。

Lesson
10

（3）安全への知恵

　冒頭に記したが、インターネットに接続するということは、一気に子どもが公道で歩くことと同じである。公道で事故を起こさないためには、どのようなことに気を付けなくてはならないのか同様、インターネットにはどのような危険があるのかを知らないとならない。また事故が起きたら、どのような対応をするのか同様、インターネットにて困ったことが起きたら、どのように対応するのか知らないとならない。

　また、自分の情報をどのように守るのかというのも大切である。キャッシュカードやクレジットカードの暗証番号、自転車のダイヤル式鍵、マンション入口の暗証番号は、全てが自分の安全を守るものである。インターネットも同様に、メールアドレスやID番号などとパスワードで、その安全が守られている。最近ではメールアドレスやIDとパスワードだけではなく、一度は登録されたメールアドレスが本当に存在するのか確認するために、そのアド

レスを経由した二段階認証などが行われている。また HP で示されたものが、必ずしも正しいとは限らない。もちろん公的な、有効な情報もあるが、恣意的な情報も存在する。さらに悪意のある、人を貶めるものさえ存在する。インターネットアクセスは、素早く簡便であるが、その情報が信頼できるものであるか否か、しっかりと判断することも求められる。

　また、オンラインゲームや SNS などの利用により、本来やらなくてはならない自分の時間を割いてしまう場合もある。さらにそれが過ぎれば、自分の睡眠時間を割いてまでしてしまうこともあり得る。相手のあるものであれば、相手までも同時に時間を費やしてしまうことになる。

　これら情報安全や自他の身体的な安全を理解した上で、インターネットを使用することが求められる。

表4　「安全への知恵」による分類①

小学校低学年		大人と一緒に従い、危険に近づかない。不適切な情報に出合わない環境で利用する。
小学校中学年	情報社会の危険から身を守るとともに、不適切な情報に対応できる。	危険に出合ったときには、大人に意見を求め、適切に対応する。不適切な情報に出合ったときは、大人の意見を求め、適切に対応する。
小学校高学年		予測される危険の内容がわかり、避ける。不適切な情報であるものを認識し、対応できる。
中学校	危険を予測し被害を予防するとともに、安全に活用する。	安全性の面から、情報社会の特性を理解する。トラブルに遭遇したとき、主体的に解決を図る方法を知る。
高等学校		情報社会に特性を意識しながら行動する。トラブルに遭遇したとき、様々な方法で解決できる知識と技能をもつ。

　表4のように、事前の知識と危険の回避がとても重要である。また、何か問題が起きたときには、周囲の大人に助けを求めるという対応を身に付けさせることも大切である。悪意のある HP の情報に接したときにはそれを無視して大人に相談するという基本を身に付けさせたい。

表 5　「安全への知恵」による分類②

小学校低学年	情報を正しく安全に利用することに努める。	知らない人に、連絡先を教えない。
小学校中学年		情報に誤ったものもあることに気付く。 個人の情報は、他人にもらさない。
小学校高学年		情報の正確さを判断する方法を知る。 自他の個人情報を、第三者にもたらさない。
中学校	情報を正しく安全に活用するための知識や技能を身につける。	情報の信頼性を吟味できる。 自他の情報の安全な取り扱いに関して、正しい知識をもって行動できる。
高等学校		情報の信頼性を吟味し、適切に対応できる。 自他の情報の安全な取り扱いに関して、正しい知識をもって行動できる。

　表 5 を含め、かねてから小学校現場や家庭では、知らない人について行ってはいけないと指導している。また自分の名前や電話番号、住所などを第三者に伝えてはならないとも話をしている。これは、インターネット社会でも同様である。子どもたちにとっては、相手が見えないことから、安易に入力をしてしまう可能性があり、それがどのような危険となって現れるのか予見しがたい。自分の情報を安易に外に出さないのは当然であるが、友達の情報も出さない所作もしないとならない。さらに子どもには気付きにくいが、写真には GPS 情報や撮影日時が記録されていることがあり、いつ、どこに自分がいるのかという情報を露呈している可能性があることも知らないとならない。安易な SNS などへの投稿は、このような自分の情報を第三者に提供しているということを指導者が認識する必要がある。

表 6　「安全への知恵」による分類③

小学校低学年	安全や健康を害するような行動を抑制できる。	決められた利用の時間や約束を守る。
小学校中学年		健康のために利用時間を決め守る。
小学校高学年		健康を害するような行動を自制する。 人の安全を脅かす行為を行わない。
中学校	自他の安全や健康を害するような行動を抑制できる。	健康の面に配慮した、情報メディアとの関わり方を意識し、行動できる。
高等学校		自他の安全面に配慮した、情報メディアとの関わり方を意識し、行動できる。

　表 6 のように、ICT 機器との関わり方も大きな問題となっている。ネット依存がこれにあたる。自分の健康を崩してまで、止められない状態になることである。また SNS であれば、未読問題や既読スルー問題が取り出されることもある。返信しないとならないという無言の

圧力がかかることである。インターネットは即時性のあるコミュニケーションの実現ができるが、見えない相手はそれに応えられる状況にない場合もある。お互いに相手を思いやることが必要にもなる。

（4）情報セキュリティ

先に自他の個人情報を守るということに関しては論じた。表7、表8では、システム的な安全のことが該当する。例えば WiFi の接続はどのように情報が取得されているか、使っている本人は気付かないであろう。ましてや Free WiFi は、どのように接続され、どのような情報が取得されているのか全く分からない。これらを回避するためには、セキュリティーソフトを導入するか、信頼のできる WiFi にしか接続しないようにする。自宅の WiFi では、セキュリティを高く設定するなどが考えられる。

表7　「情報セキュリティ」による分類①

小学校低学年	生活の中で必要となる情報セキュリティの基本を知る。	
小学校中学年		認証の重要性を理解し、正しく利用できる。
小学校高学年		不正使用や不正アクセスされないように利用できる。
中学校	情報セキュリティに関する基礎的・基本的な知識を身に付ける。	情報セキュリティの基礎的な知識を身に付ける。
高等学校		情報セキュリティの基礎的な知識を身に付け、適切に行動ができる。

表8　「情報セキュリティ」による分類②

小学校低学年	情報セキュリティ確保のために、対策・対応がとれる。	
小学校中学年		
小学校高学年		情報の破壊や流出を守る方法を知る。
中学校		基礎的なセキュリティが立てられる。
高等学校		情報セキュリティに関し、事前対策・緊急対応・事後対策ができる。

（5）公共的なネットワーク社会の構築

インターネット回線は、皆の財産である。また昨今では、電話や電気と同等のインフラとなっている。有効活用をすれば、効率よく、よりよい生活の向上に大いに役立つ。しかし、悪意をもってネットワークに負荷をかけると社会がダウンしてしまうおそれがある。すなわ

ち、小学生のうちから、ネットワークの構築がどのように社会に役立っているのか、表9のように教育を進めていく必要がある。

表9　「公共的なネットワークの構築」による分類

小学校低学年	情報社会の一員として、公共的な意識をもつ。	協力し合ってネットワークを使う。
小学校中学年		ネットワークは共用のものであると意識をもって使う。
小学校高学年		
中学校	情報社会の一員として、公共的な意識をもち、適切な判断や行動ができる。	ネットワークの公共性を意識して行動する。
高等学校		ネットワークの公共性を維持するために、主体的に行動する。

3．どのように情報モラルを指導するのか

　学校現場において、「情報モラル」という教科はない。したがって、各教科・領域より関連する指導事項と併せて実施することが現実的である。小学校でいえば、特別の教科道徳、特別活動、総合的な学習の時間における指導が考えられるであろう。中学校においては、小学校に加え、「技術・家庭科」での指導が考えられるであろう。高等学校においては、小学校、中学校に加え、「情報」が考えられるであろう。

　具体的な指導の内容に関しては、次のサイトの活用が考えられる。大いに参考にされたい。

・文部科学省「情報モラル実践事例集」
https://www.mext.go.jp/component/a_menu/education/micro_detail/__icsFiles/afieldfile/2018/08/13/1408132_00_0_full.pdf
・一般社団法人日本教育情報化振興会「ネット社会の歩き方」
http://www2.japet.or.jp/net-walk/
・文部科学省委託小・中・高等学校を通じた情報教育強化事業（情報モラル教育推進事業）
「情報化社会の新たな問題を考えるための教材　～安全なインターネットの使い方を考える～　指導の手引き」－令和2年度追加版―
https://www.mext.go.jp/content/20210406-mxt_jogai01-100003206_001.pdf

また子どもは、学校だけで ICT 機器を使っているのではない。学校で配布されたタブレットパソコンのみを使用しているわけでもない。学校で指導することは当然として、学校は家庭への啓蒙をすることも大切である。特に、端末機器の使用時間の約束などは学校では管理できない。教員は、子どもへの直接指導と家庭への啓蒙の2本柱で情報モラルの指導が成り立つという言い方もできる。

4．あなたは、どのように情報モラルを指導するのか考えてみよう

情報モラルを指導する際には、どのような内容を指導するのか、まずはそれを決めないとならない。そして、どのような教材で指導をするのか検討する必要がある。さらに、その指導は学校だけでなく、家庭への啓蒙があってこそ指導効果が上がるのかの検討が必要となる。次のような事例の場合、あなたはどのような内容を、どのように指導をするのか考えてみよう。

＜事例に沿って考えてみよう＞

前のページで記した HP「ネット社会の歩き方」には 108 の教材（2022.11.29 現在）として、動画や指導案、ワークシートが掲載されています。次の事例の場合、どのような教材を用いたら適切に指導ができるでしょうか。

また、自分が希望する校種や教科を参照し、活用できそうな教材を書き留めておきましょう。

＜事例１＞

SNS にて、悪口が書かれていたり、仲間外れが起きたりしているということが分かりました。あなたは、どのような指導をしますか。または、未然に防ぐためにどのような指導をしますか。

＜事例２＞

インターネットゲームに夢中になり、宿題はやらず、睡眠時間が短く授業中に居眠りをするということが起きています。あなたは、どのような指導をしますか。または、未然に防ぐためにどのような指導をしますか。

＜事例３＞

親のキャッシュカードから多額の引き出しがありました。調べてみると、ゲームの課金が原因だということが分かりました。あなたは、どのような指導をしますか。または、未然に防ぐためにどのような指導をしますか。

5．デジタル・シチズンシップ教育

　これまで、情報モラルを中心に論を進めてきた。情報モラルは、ルールやマナーを守る、危険から自分を守る、相手の気持ちを考えた行動をする、社会の財産であるネットワークの公共性を意識するなど、心理的な側面が大きく求められた。その枠組に加え、今後はデジタル・シチズンシップ教育という考え方も考慮しないとならない。デジタル・シチズンシップ教育とは、デジタル技術の利用を通じて、社会に積極的に関与し、参加する能力とされる。情報モラルでは、ルールやマナーの遵守、心情・態度の育成、安全・健康など、教師による指導が中心であったが、デジタル・シチズンシップ教育においては、自分で最善最適な手段を選ぶ、社会的責任、市民性、公共性を遵守するなど、自分で考えて行動するということが求められる。

　豊福（2021）によれば、GIGA前と後を、表10のように整理している。従前の情報モラルとこれからのデジタル・シチズンシップ教育をよく表している。

Lesson 10

表10　GIGA前後で変わる指導重点

これまで(GIGA前)	これから(GIGA後)
抑制・他律・心情の教育 ・校内からの排除・危険性周知 　（学校外での利用が前提） ・仕組みの理解 　（機器/ネット・心理/身体の特性） ・心情的側面の強調 　（節度・思慮・思いやり・礼儀）	活用・自律・行動規範の教育 ・学校内外に関わる課題 　（校内外の日常利用を前提） ・ICTに関連する人的・文化的・社会的諸 　問題の理解と、法的・倫理的なふるまい ・安全・責任・相互尊重の行動規範とスキル

　これから分かるように、教師による指導から、子ども自身が考えて行動する教育への変容が強く表れてきている。情報モラルとデジタル・シチズンシップ教育とは対峙しているものではない。デジタル・シチズンシップ教育は情報モラルを内包しているので、なお一層の充実が求められるとも解釈できる。情報モラルで得た知識や態度を、日常生活の中で、ネットワークどのように生かして利活用するかが求められることになる。まずは指導者である教師が現代的な課題を把握しておくことが肝要である。

6．おわりに

　デジタルデバイド（情報格差）という言葉を知っているであろうか。デジタル情報機器を

使える人と使えない人との間に格差が生じるという問題である。仕事の求人において、ワードやエクセルを使うことができる人、という条件が付くことがある。つまり ICT を使える人か否かによって雇用の有無が決定されてしまうのである。今の社会では、生活の営みから ICT を切りたくても切ることができない状況である。ICT を扱うスキルとルールとマナー、すなわち情報モラルの獲得は必須であることが理解できるであろう。

　本レッスンでは、学習指導要領における情報モラルに即して述べてきた。その学習指導要領は、概ね 10 年に一度改定されている。では 10 年前の日常生活を振り返ってみるとどうだったであろうか。今、あたりまえのように使っているキャッシュレス決済や様々なデジタルチケットは、当時は無かったのではなかろうか。また 10 年後には、現在無いツールやコンテンツが出てくるであろう。すなわち、日々進化するデジタル社会に対応するためには、教師自身のデジタル社会の変化に応じた指導が求められる。そのためには、教師がアンテナを高くし、常に意識を高めておく必要がある。

　最後に今一度、自分自身を振り返ってほしい。「エコーチェンバー現象」や「フィルターバブル」という言葉も知っているであろうか。SNS にて、似た価値観の人や似た環境にある人をフォローし合うことがあるのではなかろうか。すると、いかにも多くの人が自分と同じ考えであると認識してしまう可能性がある。さらに進むと、自分とは違う考えの人は、間違っていると判断してしまう可能性がある。これが「エコーチェンバー現象」である。またHP を閲覧していると、自分の閲覧履歴や検索履歴に応じて欲しているであろう広告やコンテンツが表示されるようになる。このように無自覚のうちに似た情報や視点で囲まれてくる状況が「フィルターバブル」である。デジタル情報は便利である反面、公平に判断することが難しくなることがあるのである。したがって、改めて情報の信頼性と妥当性をどのように獲得するのかというスキルも身に付けさせることも必要である。それを防ぐためには、日頃から正確な情報を様々な方法で得ること、他の多くの人の考えを聞き入れる、広い視野をもつことなどが重要になるであろう。このことは、教師としての指導をする前に、自分自身のチェックが必要であるかもしれない。

＜参考・引用文献＞

豊福晋平（2021）「安心安全な利活用とデジタル・シティズンシップ教育」（文部科学省「GIGA スクール構想に基づく 1 人 1 台端末の円滑な利活用に関する調査協力者会議（第 3 回）」配布資料）https://www.mext.go.jp/content/20210827-mxt_jogai01-000017383_01.pdf

社団法人 日本教育工学振興会 (2007)『すべての先生のための「情報モラル」指導実践キックオフガイド 』http://jnk4.info/www/moral-guidebook-2007/kickoff/pdf/moralguide_all.pdf　2022 年 11 月 28 日閲覧

荒巻　恵子

　高等学校に 2003 年度教科「情報」が新設されました。普通教科（現共通教科）と専門教科が設定され、普通教科は情報活用の実践力を中心に学ぶ「情報 A」、情報の科学的な理解を中心に学ぶ「情報 B」、情報社会に参画する態度を中心に学ぶ「情報 C」の 3 科目が設定され、この中から 1 科目を選択必履修することになりました。全国の高等学校における各科目の開設状況は、学校側が科目指定を行うという状況で「情報 A」が約 80％であるのに対し、「情報 B」はわずかに 5％、「情報 C」も 15％程度にとどまるなど、「情報 A」に偏重していました。その後、2013 年度から施行されている学習指導要領では、共通教科情報科は、「社会と情報」と「情報の科学」の 2 科目に再編されました。ここでも、「社会と情報」が 80％、「情報の科学」が 20％程度という開設状況でした。そこで 2022 年度から施行される学習指導要領では、必履修科目が「情報Ⅰ」に一本化され、さらに、発展科目として「情報Ⅱ」が設定されます[※1]。その具体的な内容は、以下の通りです。

「情報 Ⅰ」
(1) 情報社会の問題解決
(2) コミュニケーションと情報デザイン
(3) コンピュータとプログラミング
(4) 情報通信ネットワークとデータの活用

「情報 Ⅱ」
(1) 情報社会の進展と情報技術
(2) コミュニケーションとコンテンツ
(3) 情報とデータサイエンス
(4) 情報システムとプログラミング
(5) 情報と情報技術を活用した問題発見・
　　解決の探究

　例えば、「情報Ⅰ」の単元情報社会の問題解決への取組では、情報社会のルールとマナーを考えながら、生徒は、日常の中にある著作物の著作権や法について学習し、問題解決を進めます。この単元では、小学校中学校段階の情報モラル教育を発展させ、社会の中の秩序を守る法の制度や制定の背景からルールを捉え、社会の中での市民としての役割や態度からマナーを捉えます。著作権法を学ぶことを通して、社会の秩序を守るための法の遵守と、市民として態度や倫理観を持つことが学習目標となります。また、高校科教育法においては、メディアリテラシー・情報リテラシー・ICT リテラシーの 3 つのリテラシーを育成していくことが教科のねらいにもあり、授業を通して、生徒はワード・エクセルなど ICT の使い方や情報検索の方法と引用の書き方など、情報の取り扱い方も同時に学習します。

　※ 1：中野由章、高等学校共通教科情報科の変遷と課題、情報処理 Vol.59 No.10 Oct. 2018、p.933

レッスン **11**

PowerPoint の基礎編
張り紙・ポスターの作成

1．PowerPoint：校務資料作成やプレゼンテーションのための ツール

Microsoft 社の PowerPoint は、プレゼンテーション、つまり他の人に情報を提供して理解を得るための資料を作成するときに使用するアプリケーションである。

上手なプレゼンテーションをするために、気をつけなければならないことは、以下のようなことである。

1. 児童生徒の視線を大事なところに誘導する。
2. 必要な情報をわかりやすく提示して理解を助ける。
3. 具体的な直接体験を抽象的な概念に導く橋渡しの役割を意識する。
4. イメージ（ビデオや写真など）と言語（記号）をつなぐ役割を意識する。

具体的な手立てとしては、以下のようなことである。

1. 児童生徒が混乱しないように、同時に、あまり多くの情報を提示しない。
2. 相手が読み取って理解できる時間を考えて提示する。
3. 固定的に表示する情報と、順を追って、流れていく情報（ビデオ動画など）をうまく使い分ける。
4. 複数のメディアを使う場合、それぞれのメディアの特性を理解したうえで、活用する。

2．PowerPoint の基本操作

PowerPoint を活用して、例えば、生徒に数学の公式や歴史年表を示すための張り紙など、これまで模造紙で作成していたような提示物をパソコンで簡単に作成することができる。

はじめに、PowerPoint の基本操作方法を学ぼう。

① PowerPoint の初期画面

さっそく PowerPoint を立ち上げてみよう。

PowerPoint を立ち上げると図 11-1 の画面が表示されるので、「新しいプレゼンテーション」を選択する。すると、図 11-2 の画面が立ち上がる。

中央に表示された白い四角は、これから作業を行うスライド（スライドイン）と呼ばれる領域である。PowerPoint では、このスライドに文字や画像、イラスト、表、グラフなどのコンテンツを挿入することで、資料を仕上げていく。

スライドの中央に表示された〝タイトルを入力〟、〝サブタイトルを入力〟と書かれた点線内にテキストを入力することで文章を追加する。このテキスト入力欄は、ドラッグすることで配置を変更できるほか、テキスト入力欄を選択した状態にして四隅をドラッグすることで、入力範囲を拡大・縮小することができる。図 11-2 で、画面上部（A）には、Word や Excel 同様、タブとリボンが配置されており、タブを切り替えることで下のリボンが切り替わる。

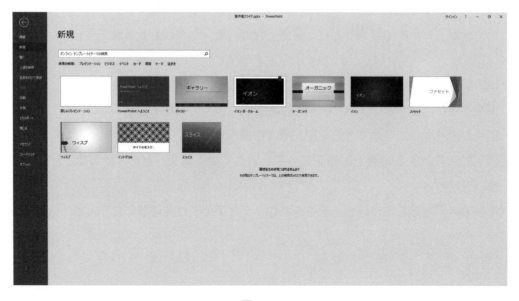

図 11-1

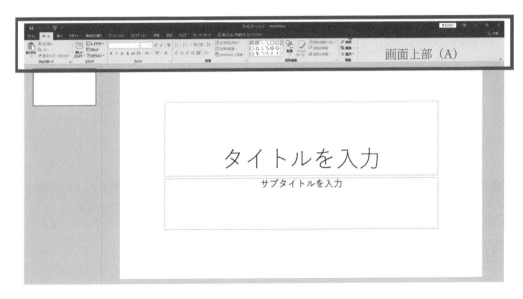

図 11-2

② テキストや図形、イラスト、オンライン画像などの挿入

　スライド内に新たにテキスト欄や図形、イラストなどのコンテンツを追加したい場合に
は、Word の操作と同様に「挿入」タブをクリックする。

　スライド内にオンライン画像から検索した図、イラスト、写真などを挿入したい場合に
は、「挿入」タブの「オンライン画像」をクリックする。すると検索窓が現れるので、挿入
したいイラストのキーワードを入力しよう（図 11-3）。好みの画像を選択して「挿入」をク
リックすると、選択したイラストがスライド上に出現する。イラストを挿入したら、図と同
様に大きさや角度を調整し、適切な位置に配置しよう。

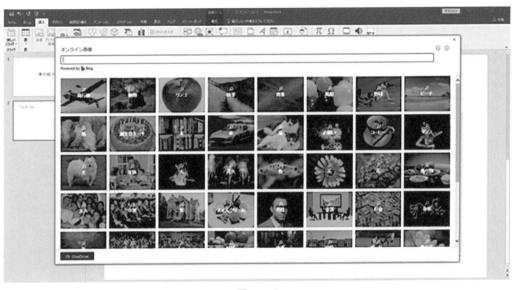

図 11-3

③ デザインの変更

　PowerPoint の初期設定のスライドは白背景だが、あらかじめ備え付けられたテンプレートを選択することによってデザインを変更することができる。デザインを変更したい場合は、まず「デザイン」タブをクリックする。「テーマ」に様々なデザインのリストが表示されるので、この中から好きなデザインを選択する。テーマ欄右側の▽をクリックしてタブをプルダウンすると、より多くの種類からデザインを選ぶことができる。

　また、「ホーム」タブにある「デザインアイデア」をクリックして、デザインを選択することができる（図 11-4）。

図 11-4

3．張り紙・ポスターを作ってみよう

PowerPoint は、テキストや図形、イラストなどのコンテンツを好きな場所に配置でき、レイアウトやデザインを自由に選択できる。ユーザーの創意工夫によって様々な場面で活用できるツールである。たとえば、児童生徒が学校行事や地域の催し物の告知ポスターを作成する場合、または委員会活動や部活動など主体的な活動を紹介するための宣伝用資料を作成する際にも、PowerPoint が役立つ。教師自身が PowerPoint の基本操作を身につけると同時に、児童生徒が自分たちの活動や催しなどの情報を発信する手段の一つとして PowerPoint を活用できるように指導しよう。

ここでは、本の紹介をしてみよう。

① スライドの向きの変更

例えば、張り紙をポスターサイズで印刷して黒板に貼ることを想定した場合、用紙の向きは横方向よりも縦方向にしたほうが黒板のスペースを節約できる。このようにスライドの縦、横の方向を変更したいときは、「デザイン」タブの「スライドのサイズ」から「ユーザー設定のスライドのサイズ」を選択する（図 11-5）。立ち上がった窓の右側にある「印刷の向き」から、スライドの向きを切り替えることができる。スライドの向きを選択して OK を押すと再びウィンドウが立ち上がり、新しいスライドサイズに拡大・縮小するかどうかを尋ねられる。ここで「最大化」を選択すると、挿入した画像などのコンテンツのサイズをな

Lesson
11

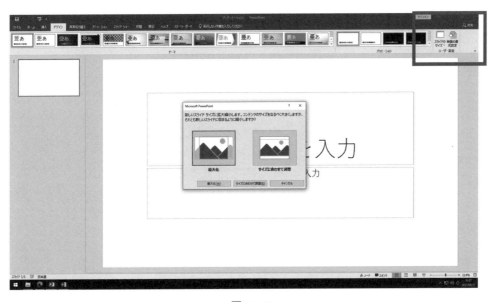

図 11-5

るべき大きくした状態でスライドの方向が切り替わり、「サイズに合わせて調整」を選択すると選択後の幅や高さに合わせて挿入したコンテンツのサイズが自動的に小さく調整される。いずれかのコマンドを選択すると、編集中のスライドの向きが縦、横方向に切り替わる（図 11-6）。

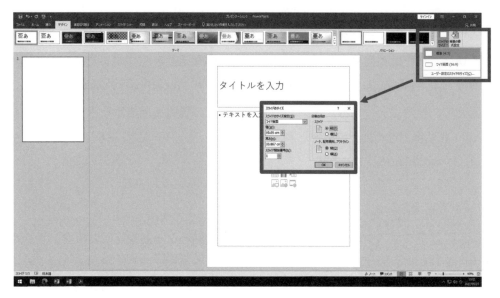

図 11-6

②レイアウトの選択

　「ホーム」タブの「レイアウト」から、「タイトルとコンテンツ」を選択する（図 11-7）。「テキストを入力」の中にあるアイコンで、画像の挿入を選択して、本などの画像を貼り付ける。

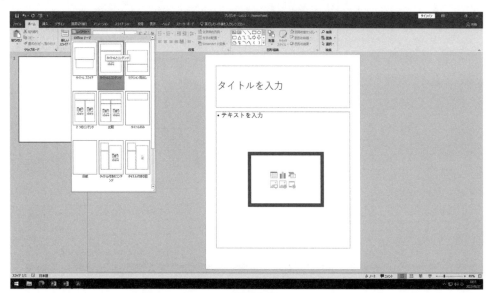

図 11-7

③画像の挿入とハイパーリンク

　紹介したい本などの画像を貼り付け、本の紹介先のインターネット上のリソースにリンクできるように、ハイパーリンク先を貼り付ける（図 11-8、図 11-9）。著作権利用に配慮して、出典元を必ず、記載するようにする。

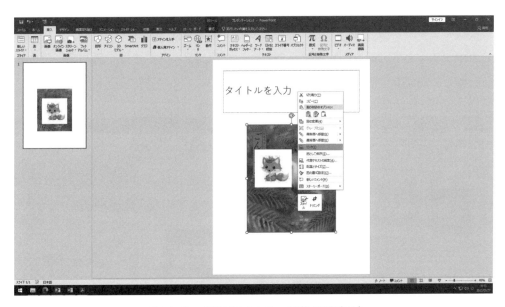

図 11-8　（著作権のため、画像処理済み）

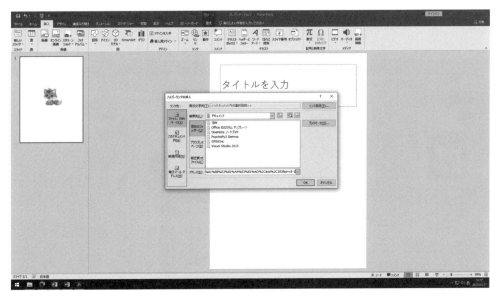

図 11-9

Lesson
11

④図形の追加

　スライド内に図形（ここでは吹き出しの図）を挿入したい場合、まず「挿入」タブから「図形」をクリックし、図形の種類を選択する（図11-10）。テキストボックスと同様、スライド上で↖マークが＋マークに変わった状態で、ドラッグすると、スライド上に選択した図形が出現する。図形は、テキストボックスと同様、スライド内で位置や大きさを自由に調整することができる。また、図形を選択すると図の上に現れるマーク（回転ハンドル）を選択してドラッグすると、図形を回転させることができる。テキストボックスや図形の大きさや角度を調整し、適切な位置に配置しよう（図11-11）。

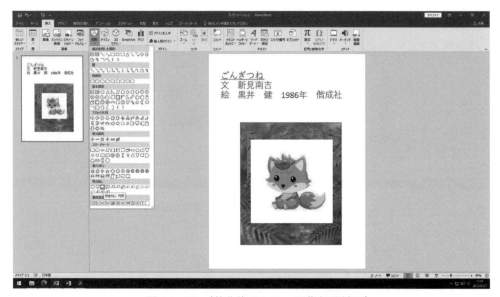

図11-10　（著作権のため、画像処理済み）

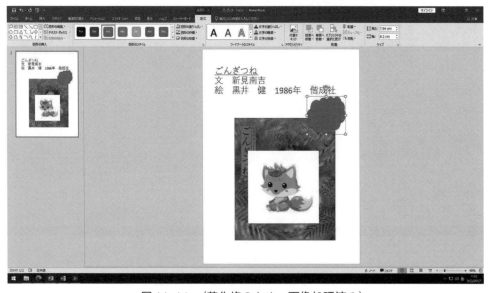

図11-11　（著作権のため、画像処理済み）

　図形の中のテキスト入力の方法は、図形を右クリックして、「テキストの編集」をクリックして、入力する（図 11-12、図 11-13、図 11-14）。

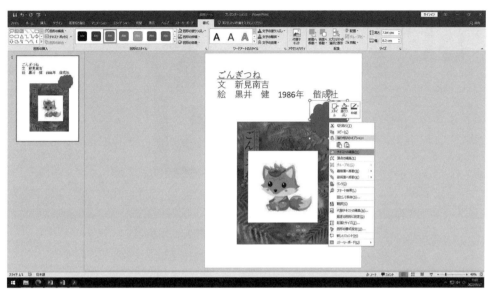

図 11-12　（著作権のため、画像処理済み）

図 11-13　（著作権のため、画像処理済み）

Lesson
11

図 11-14　（著作権のため、画像処理済み）

⑤背景を変更する

　最後に「デザイン」タブの「背景の書式変更」で背景色を変更して完成だ（図 11-15）。

図 11-15　（著作権のため、画像処理済み）

PowerPoint の応用編
授業説明スライドの作成とプレゼンテーション

レッスン 12

1．PowerPoint で授業の説明スライドを作成する

　レッスン 11 では張り紙やポスターの作成手順を例に、PowerPoint の基本操作方法について解説した。PowerPoint の魅力は簡単に張り紙やポスターを作成できるだけではない。PowerPoint はプレゼンテーションに特化したアプリケーションである。PowerPoint で事前に授業の説明に使用するスライドを複数枚用意しておき、パソコンからプロジェクタ、電子黒板などを通じて生徒たちに大画面で提示することによって、従来のような黒板を用いずとも、授業を展開することが可能になるのである。

2．PowerPoint の様々な機能

（1）授業の説明スライドを作成しよう
　本レッスンでは、PowerPoint を使って授業などのプレゼンテーションを行う際の資料作成方法を学び、プレゼンテーションを行う際に不可欠となるアニメーション機能、スライドショー機能について解説する。

① 複数枚のスライドの作成
　再び PowerPoint のタイトル画面をみてみよう。PowerPoint では、1 つのファイルの中に複数枚のスライドを用意することができ、複数枚のスライドを作成した場合には、画面左（B：アウトラインペイン）に縮小版のスライド（サムネイル）が並んでいく（図 12-1）。

図 12-1

② スライドの追加

　スライドを追加したいときには、アウトラインペインの 1 と書かれたサムネイルの上で Enter キーを押してみよう。2 と書かれたスライドが、1 と書かれたサムネイルの下に表示されるはずだ。その際追加されるスライドはスライド 1 と同じレイアウトになるが、[ホーム] タブの [新しいスライド] の▼をクリックすると、新規に追加するスライドのレイアウトを選択できる。異なるレイアウトのスライドを追加したいときは、目的に合ったスライドをここから選択しよう（図 12-2）。新たに追加したスライドはサムネイルとしてアウトラインペインに追加されていくが、サムネイルを選択すると現在編集しているスライドと切り替わって画面中央に大きく表示され、コンテンツの内容や配置を編集できる。また、アウトラインペインに並んだサムネイルはドラッグによって順番を入れ替えたり、文字や図形と同じようにスライドごとコピー（カット）アンドペーストをすることや、Delete キーや Backspace キーによって削除することができる。

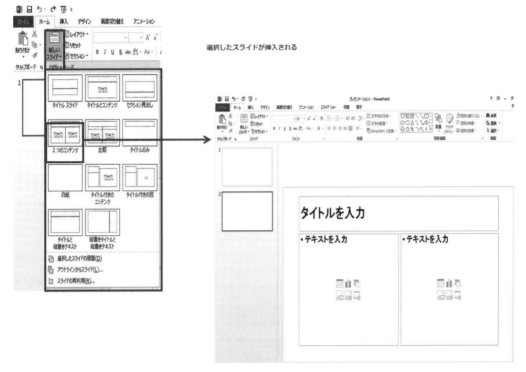

図 12-2

③ アニメーション機能

　PowerPoint でプレゼンテーションを行う際には、ただスライドをサムネイル順に提示して内容を説明するだけでなく、テキストや図形を説明の途中で出現させたり、説明の途中で消したり、移動させるなど、コンテンツに様々な動きをつけることができる。このようにスライド上のコンテンツに動作を設定できる機能を、アニメーション機能という。

　アニメーションを設定する際には、あらかじめアニメーションを設定したいコンテンツ（テキストや図形など）をスライド上で選択しておき、[アニメーション] タブをクリックする。[アニメーション] の▼をクリックすると、様々なアニメーションの種類が一覧で表示される。設定できるアニメーションの種類は大別して、コンテンツをスライド上に新たに出現させる [開始]、点滅、色の変更などでコンテンツを強調させる [強調]、スライド上からコンテンツを消す [終了] の3パターンであり、[開始] が緑のマーク、[強調] が黄色のマーク、[終了] が赤色のマークでそれぞれ区別されている。アニメーションは動作のバリエーションによってさらに細かく分類されており、一覧に表示されているもののほか、ウィンドウ下方の [その他の効果] からはより多くの種類からアニメーションを選択することができる。動作をつけたいコンテンツを選択し、好きなアニメーションを設定してみよう。

　アニメーションの設定をしたら、[アニメーション] タブの [アニメーション ウィンドウ]

をクリックしよう。画面右側に立ち上がったウィンドウには今選択しているスライドに設定されているアニメーションがリスト形式で並び、該当スライドにどのようなアニメーションを設定したかをここで確認することができる。このアニメーションウィンドウでの並び順が、このあと解説するスライドショー機能でスライドを再生させたときに、アニメーションが動作する順序と対応している。[すべて再生]を押すと設定したアニメーションがどのように動作するかを確認することができ

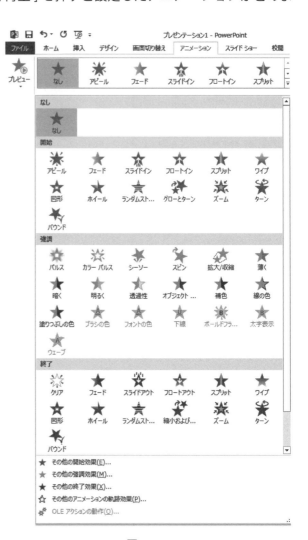

るので、スライドごとにアニメーションウィンドウを確認しながらアニメーションを設定していこう（図12-3）。

コンテンツに様々な動きをつけられるアニメーション機能を活用すると、容易に聴き手の目を引く説明資料を作ることができるだろう。しかし、アニメーションを過剰に設定すると、聴き手の注意をアニメーションのみに集中させてしまい、肝心のプレゼンテーションの内容の印象を薄れさせてしまうということになりかねない。アニメーション機能は、たとえば、重要箇所を強調するために説明中にキーワードを点滅させる、聴き手の理解を助けるために付加的な説明をあとからスライドに表示させるといったように、あくまでもプレゼンテーションの内容をより効果的に伝えることを目的に補助的に使用されるべきものであるということを、覚えておいてほしい。

図12-3

④ スライドショー機能

実際に授業などでPowerPointを使ってプレゼンテーションを行う際には、サムネイルを上から順にプロジェクタや電子黒板などの映像出力機器を通じて大画面で映し出して、説明者は口頭でその解説を行うことになる。用意したスライドをサムネイル順に全画面で表示し、紙芝居のように切り替えて提示する機能を、スライドショー機能と呼ぶ。

　スライドをサムネイルの1枚目から再生したいときには、[スライドショー]タブの左側にある[最初から]を選択（キーボードで操作するときはF5キー）、現在選択しているスライドから説明を開始したいときは、[現在のスライドから]を選択しよう（キーボードで操作するときはShiftキーを押しながらF5キー）。タブやリボンが表示されている編集画面から、スライドのみが全画面で表示される画面（スライドショー）に切り替わったはずだ。

　スライドショーを実行中は、Enterキーを押すことでスライドを先に進めることができる（前のスライドに戻るときは↑キー、もしくは←キー）。またアニメーションを設定しているスライドでは、Enterキーを押すごとに設定したアニメーションが設定した順に起動する。最後のスライドまで再生すると自動で終了して元の画面に戻るが、途中でスライドショーを終了させたいときには、右クリックから[スライドショーの終了]を選択しよう（キーボードで操作するときはEscキー）。

（2）配布資料の印刷

①PowerPoint での資料の印刷

　PowerPoint でプレゼンテーション資料を作成するときには、スライドを数枚、ときには数十枚も用意することになるため、1枚のスライドをA4用紙1枚に印刷すると印刷枚数が非常に多くなってしまう。そのため、PowerPoint で作成したスライドを配布資料用に大量印刷するときには、1枚の用紙に複数のスライドが配置されるように印刷レイアウトを設定することがほとんどである。

　印刷レイアウトで、1枚の用紙に複数のスライドを配置する方法を確認しよう。まず、[ファイル]タブから[印刷]を選択し、[フルページサイズのスライド]と書かれた欄をクリックする。すると配布資料用の印刷レイアウトが選択できるので、自分が1枚の用紙に配置したいスライド数を選択しよう。スライド数を決める際には、画面右側の印刷プレビューを見て、そのレイアウトで印刷をしたときにスライドに記載した文字や図形がしっかりと読むことかできるかどうかを基準にするとよい。図12-4の例は〝6スライド（横）〟であり、比較的利用頻度の高いレイアウトの1つである。スライド内の文字や情報が多く6スライドでは読みづらいときには、〝4スライド（横）〟を選択するとよいだろう。

Lesson
12

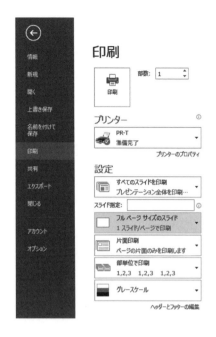

図 12-4

3．プレゼンテーションにおける注意点

PowerPoint でスライドに文字、図形、イラストなどのコンテンツを適切に配置し、アニメーション機能をうまく設定すれば、生徒の興味関心を引く魅力的な授業説明資料を作成することができるだろう。しかし覚えておいてほしいことは、プレゼンテーションはスライド資料と、話し手の説明やジェスチャーが一体となって初めて聴き手の理解を促すものであるということである。ここでは、効果的なプレンテーションを行うための実践的なヒントをいくつか提示する。

① スライドのレイアウトを工夫しよう

授業に限らないが、プレゼンテーション資料を作成する際、スライドに書き込む文章はキーワードや箇条書き程度にとどめ、詳しい説明は口頭で、しっかりと聴き手の反応をうかがいながら行うことが望ましい。なぜなら、スライドに長い文章を書き込むと、話し手がスライド自体を原稿替わりにしてそれを読みあげるような発表になってしまい、聴き手もスライドの内容や印刷資料を読むことに必死になり、話し手と聞き手の間で意思疎通が図れないプレゼンテーションになってしまうためである。

話し手の原稿のようにならないスライドを作るために、具体的には、どのようなことに注意したらよいだろうか。まず、1枚のスライド内に重複した表現を掲載しないよう配慮する

とよい。図 12-5 の例をみてみよう。重複表現が含まれている上のスライドでは、各文章が「教育者は」という主語で始まっているのに対し、下のスライドではその主語を見出しに含めることで、各文章から主語を取り除いてしまっている。これだけで見た目がすっきりとするし、要点が明確になることで頭に入りやすくなる。

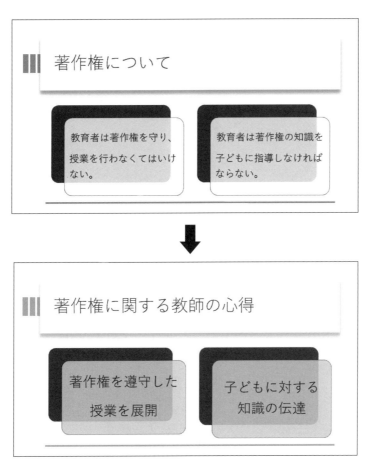

図 12-5

②授業中はメリハリを意識しよう

　自分自身が授業を受けているときのことを振り返ってみてほしい。教師の話を真面目に聴こうと努力していても、いつのまにかうとうとしてしまい、終了間際になって目が覚めたという経験はないだろうか。聴き手の集中力は最初の 1 〜 2 分は極めて高い状態にあるが、徐々に減少していき、最後の数分間になって再び回復する。こうした集中力の変化は人間である以上避けがたいことであり、聴き手の集中力を常に高い水準で維持させ続けることは、どんなに卓越したプレゼンターでも困難なことである。話し手となる教師はこのことをしっかりと理解して、集中力が高まる授業冒頭と終盤に重要なポイントを集中させた、メリハリ

のある資料を準備しておく必要がある。具体的にはまず、集中力の高い授業の冒頭では生徒の興味を惹くキーワードを提示したり、授業全体の目的を明示するとよいだろう。ここで生徒の興味を湧かせたり、授業の概要を理解させることに成功すると、その後も比較的長い時間生徒の集中力を持続させることができる。また、集中力が回復する授業終盤に説明された事柄は聴き手の記憶に残りやすいため、その日特に生徒に覚えて帰ってほしい事柄やキーワードは授業終盤に改めて提示するとよいだろう。

PowerPoint を使った プレゼンテーションの実践

レッスン **13**

1．プレゼンテーションを体験しよう

　PowerPoint で作成されたプレゼンテーション資料は、授業を行う際、児童生徒の理解を補うための材料であり、児童生徒の理解はあくまでも教師の口頭での説明やジェスチャーと相まって促進されるものである。特に、話し手の口頭での説明の仕方やジェスチャーはプレゼンテーションの良し悪しを決める重要な要素であるため、質の高いプレゼンテーションを行うためには、発表の訓練の積み重ねが必要である。本レッスンでは、ここまでで身につけた PowerPoint の操作技術を活かし、発表能力の向上を目指して、プレゼンテーションを体験してみよう。

・・・実習課題【やってみよう】・・・

　「教育」に関するテーマを 1 つ挙げ、グループでプレゼンテーションを行ってください。

■ 学生たちの設定したテーマの一例
- ICT 教育
  （例：『ICT の有用性—本当に学校にパソコンは必要か？—』『ICT を活かした授業づくり』）
- 海外の教育
  （例：『発展途上国の教育課題』『PISA 調査からみる日本の教育課題』）

- 英語教育

    （例：『外国語活動の導入と背景』『外国語活動と国語科教育』）
- 特別支援教育

    （例：『特別な配慮の必要な児童生徒に教師ができること』『幼稚園での支援の必要な子ども』）
- いじめ

    （例：『スクールカースト』『幼稚園のいじめ—保護者の格差—』）
- その他

    （例：『キャリア教育とは』『学校給食の歴史』『表現運動導入について—保健体育の課題—』）

【実施の手順】

　3〜5名でグループを作り、他のグループに対してプレゼンテーションを行う。発表準備にあたっては、作業量や負担に偏りがでないように、メンバー全員で役割を分担すること。発表時間は1グループ10分程度とする。

【注意点】
- 発表に使用するPowerPointのデータと、スライドの印刷資料は事前に提出すること（印刷資料は、"6スライド（横）"に設定する）。
- 最後のスライドには、メンバー構成と作業分担を明記すること。
- プレゼンテーション資料の作成にあたってはPowerPointを用いるが、WordやExcelで作成した表やグラフ、画像などを貼り付けてもよい。

2．プレゼンテーションの評価をしよう

　どのような教育活動でも、はじめに「目標」や「ねらい」を明確にしておくこと、そして、活動後にはその活動の達成度や成果、効果を振り返ることが大切である。実施したプレゼンテーションの評価、振り返りを行うため、Excelで学んだ技術を生かしてリフレクションシート（評価票）を作成しよう。

● 自己評価をしよう

　リフレクションシートの評価基準には、「発表の目的」、「資料の仕上がり」、「メンバー内の分担」、「内容のわかりやすさ」、「発表態度」、「発表時間」などを総合的に判断できる項目を設ける。聴き手の立場に立って、客観的な視点から自己評価をしよう。

【実際に学生たちが作成した例】

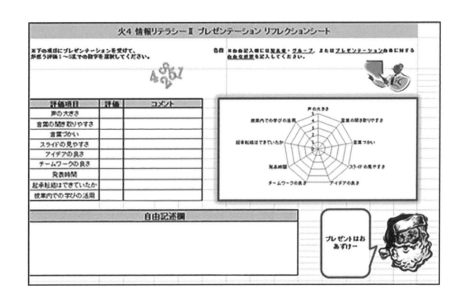

Lesson

13

● 他のグループの発表を聴こう

　プレゼンテーションは自らにとっての発表の訓練であると同時に、教師にとって大切な、発表を聴く態度や、他者の発表を評価する力を養う貴重な機会でもある。自分のグループのプレゼンテーションの質を高めるのと同様に、他のグループの発表には真剣に耳を傾けて、指導者としての聴く態度を身につけよう。

【作品例】

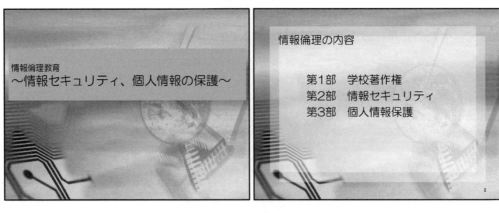

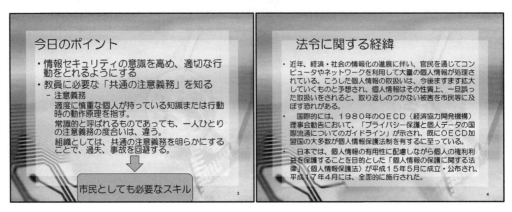

3．プレゼンテーション資料を作ってみよう

　学習者が能動的に学ぶ教育方法をアクティブラーニングという。アクティブラーニングは、単に活動がアクティブであるということではなく、学習内容の工夫により、学習者が認知的、倫理的、社会的能力、教養、知識、経験を含めた汎用的能力の育成を目指す学習活動である。そのため、教師は学習者が積極的に学習に参加できるように、授業の工夫が必要である。

　アクティブラーニングには、問題発見学習、問題解決学習、体験学習、ディスカッション、ディベート、学習発表などの学習活動がある。ここでは、これまで学習してきたパソコンの操作、情報の収集、取捨選択、分析、活用といった学習のまとめとして、ディベートの場面でプレゼンテーション資料を作ってみよう。

（1）ディベートとは

　ディベートとは、「あるテーマについて、肯定側と否定側に分かれて行う討論」（広辞苑第六版）で、立論、質問、反駁を行い、勝ち負けを宣する討論の形式のことである。1990 年頃から、学校教育でも取り入れられた。単なる議論や討論ではなく、新しい知識を獲得したり、独創的な知識を活用したりしながら、限られた時間の中で、論理と論理を戦わす討論である。ディベートの討論には、「スピード」「パワー」「正確さ」が求められ、論理的な思考力、論理的な表現力、意思決定能力の 3 つの能力が開発、育成される。

（2）ディベートの論題

　ディベート論題は、内容によって、事実論題、価値論題、政策論題がある（表 13- 1）。価値論題は文化的社会的背景や条件により違いがあり、授業で扱うためには論点を絞る必要がある。学級活動でディベートを行うときは、事実論題や政策論題が多く取り上げられる。

表 13-1　ディベート論題の具体例

事実論題	例）自転車に乗りながら携帯電話を使用することは悪い。
価値論題	例）携帯電話で情報検索することは良い。
政策論題	例）学校に携帯電話を持ち込んでよいことを校則に定めることは良い。

Lesson
13

（3）プレゼンテーション資料作り

　論題例「小学 6 年生の児童が国語科の授業で電子辞書を使うことは良い」の事例でのプレゼンテーション資料作りで、PowerPoint で作成した学生の作品が以下になる。

【肯定派 M グループ】

主張

電子辞書は...
→子どもたちの学ぶ意欲を引き出すことができる。
→現在コストも下がってきており、手軽に購入できる。
→持ち運びが便利。
→調べる時間の短縮ができる。
→誰でも簡単に操作ができる。
→ひとつの機械に複数の辞書が入っている。

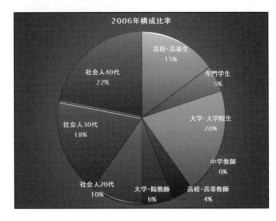

電子辞書の種類1

電子辞書の種類2

国語の授業の現状

現在の国語の授業は他の授業に比べて教科書を読んだり、漢字の書き取り等があり、進みが早い。
わからない単語を授業中に紙辞書で調べていたら授業に遅れてしまいます。そのため、後で調べようといって調べなくなる人が多いため、伸びるべき能力が失われてしまいます。

紙の辞書では駄目な理由

紙の辞書は、とても分厚くかつ重いため小学生が持ち運ぶには無理がある。また、紙の辞書を活用するには慣れが必要だ。なぜなら、分厚いため最初はどこにどの文字があるかわからない。だから、それを把握するためには何度も何度も紙の辞書を活用し、試行錯誤しなければいけない。その過程を小学生に行わせるとストレスに感じ、紙の辞書に嫌な印象を持ってしまい調べること自体にも影響が出てしまうのだ。

2006年構成比率

- 高校・高専生 15%
- 専門学生 5%
- 大学・大学院生 20%
- 中学教師 0%
- 高校・高専教師 4%
- 大学・院教師 6%
- 社会人20代 10%
- 社会人30代 18%
- 社会人40代 22%

2012年構成比率

- 小学生 10%
- 中学生 10%
- 高校・高専生 10%
- 専門学校生 3%
- 大学・大学院生 18%
- 中学教師 2%
- 高校・高専教師 4%
- 大学・院教師 4%
- 社会人20代 3%
- 社会人30代 8%
- 社会人40代 9%
- 社会人50代以上 19%

まとめ

国語の授業は他の授業に比べて教科書を読んだり、漢字の書き取り等があり、進みが早い。そのため、調べているうちに授業が進み、授業に遅れてしまうという事態になってしまいます。そのため、授業中に使用するのは紙辞書ではなく、俊敏性にすぐれた電子辞書を使用したほうが効率的です。電子辞書を使うことで、調べる能力が低下するということが言われていますが、今回の主題はあくまでも、国語の授業での電子辞書の使用についてなので、電子辞書を使うべきだといえます。

【反対派 K グループ】

小学6年生国語の時間の 電子辞書の利用

Kグループ　反対派

なぜ国語の時間に電子辞書を 使用してはいけないか！！！

電子辞書のデメリット！！

- 簡単に調べられるため漢字を覚えることができない。
- 電子辞書の多機能面で遊んでしまうと考える。
- 充電式・電池式のため切れてしまうと使えなくなってしまう。
- 同音や類義語を一度に見ようとしなくなる。
- 落とすとすぐに壊れてしまう。

国語辞書のメリット

- 電池切れの心配がない。
- 書き込むことができ付箋なども張ることができて記憶定着につながる。
- 紙辞書は情報量に一覧性があるためどの程度の情報が関連しているのかが目測できるようになっている。
- 紙辞書は著者が学んでほしいところなどが太字などで書いてありメッセージ性があり様々な工夫がある。

毎日、子どもがどのくらい国語辞書を使っているか。

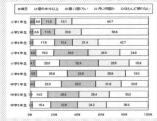

グラフからわかるように小学6年生も毎日使う子供は5.5%と少ないが毎日使っている学年が一番多いのは小学6年生である。
6年生は週に半分以上使っている人間が25.8%と一番多く逆に中学生のほうが使用率は少なく小学6年生までとなると国語辞書で十分と考えられ中学生となれば電子辞書を使っている人間が増えてくる。
そのように考えると小学6年生には電子辞書はまだ必要ないと考える。

電子辞書の使用率！

小学6年生は国語の時間などを関係なく電子辞書は持っている児童が少ないためクラス全員での使用は不可能と考える。そうすると、たしかに電子辞書は調べるスピードなどは速いが所持している生徒と所持してない生徒での学習の時間に差ができてしまい、電子辞書の多機能面で遊んでしまうと考えられる。

- 電子辞書は値が高価なため所持している人が少ない。
- 紙辞書は比較的安価なため所持している人が多く各学校にも置いてあるため使用しやすい。

これまでの結果から 小学6年生は国語の時間に電子辞書 を使ってはいけないと考える

ICT を利用した模擬授業を 考えてみよう

レッスン **14**

1．ICT を利用した授業とは

中学校においては、技術家庭科 D「情報の技術」にて、ICT などを活用して学ぶ内容が明確に位置付けられている。しかし、中学校での学習において ICT を活用するのは技術家庭科だけではない。また、小学校においては中学校の技術家庭科にあたる教科は存在しない。そこで、本レッスンにおいては、小学校での ICT 活用例を中心に紹介をするが、中学校で技術家庭科以外の教科においても共通の見いだしができるであろう。

小学校学習指導要領総則編によれば、各教科等の特質に応じて、次の学習活動を計画的に実施することと記されている。

ア　児童がコンピュータで文字を入力するなどの学習の基盤として必要となる情報手段の基本的な操作を習得するための学習活動

イ　児童がプログラミングを体験しながら、コンピュータに意図した処理を行わせるために必要な論理的思考力を身に付けるための学習活動

これらのことから、小学校の ICT 活用は探究的な学習をめざす総合的な学習の時間を中心として、各教科・領域のカリキュラムマネジメントによって身に付けるべきであると解釈できる。

一方、教師が学習を進める上において、児童・生徒に対して教材の一部として提示をすることがあるであろう。いわゆる教科書は、テキストや図、写真などの静止画像によって提示されている。昨今、身近になったデジタル教科書では、静止画像であっても拡大が可能であり、動画へのリンクも貼り付けられており、児童・生徒に対して動画で理解の促進を図ることができる。

授業をつくる際には、何を目的にICTを活用するのか明らかにして授業構想をする必要がある。仮にICTを使うことだけを目的としたなら、教育の大前提である児童生徒の資質・能力の育成を図ることができない。そこで、本レッスンでは、ICTの様々な活用例を示していく。

2．児童・生徒のICT活用能力の育成

　GIGAスクール構想により、一人1台のタブレット型パソコンが整備された。前項では、ICTを使うことを目的にしてはならないと説明したが、日本語入力をはじめ、様々なアプリケーションを使えるリテラシーも身に付けさせないとならない。現在、スマートフォンの普及により、従前のパーソナルコンピューターの使い方よりハードルが下がっているであろう。またアプリによるヒューマンインターフェース化や児童・生徒の柔軟さから、リテラシー獲得に時間はかからないであろう。しかし、情報モラルを中心としたルールやマナー、情報安全などこそ、学校教育にて指導をしないとならない。また同時に家庭への協力要請も重要な点となる。詳しくは、レッスン10「ネット社会とモラル」を参照されたい。

小学校指導事例①「日本語入力練習オンラインソフト」

<スタート画面>　　　　　　　　<自分の進度でゴールを目指す>
「キーボー島アドベンチャー」
スズキ教育ソフト https://kb-kentei.net/　2022.8.15取得

　ここに紹介をするのは、スズキ教育ソフト株式会社が提供をしている、「キーボー島アドベンチャー」である。小学生の初期段階において、キーボードへの指のホームポジションを覚えたり、ローマ字入力の練習をしたりするのに適している。児童たちが好むロールプレー

イングゲームのようなつくりになっており、個々の進度に応じて進めていく。このサイトはオンラインソフトなので、学校や各家庭などによって異なる端末に依存しない。このサイトは、個人での申し込みができず、教師が申し込みをすることによって使うことができる。教師側では、児童の使用状況や進度が確認できるので、安全なオンラインソフトといえよう。またここでIDとパスワードをもつことになるので、情報セキュリティーへの学びにもつながる。学校にて全体指導を行った後、家庭での利用を推奨することが想定できる。

3. デジタル教科書の活用

　教科書会社では、教科書画像をはじめ、それに関連する情報をデジタル情報として提供している。教科書を拡大して映し出せるので、今、教科書のどこを見ればよいのか児童・生徒にとって把握しやすくなる。また資料も大変豊富であるので、事前に教師がどの場面で、どのような資料を用いたら理解が進むか検討し、それを使用することも可能であろう。

　デジタル教科書と従前の教科書との大きな違いに動画が挙げられる。毛筆書写などでは、筆づかいの動画が収められていて、言葉や静止画像では伝えにくい筆の動きを動画で示すことが可能となる。デジタル教科書ならではの大きな価値である。また、デジタル教科書には書き込みをすることができる。従前は、教科書を見ながらノートに書き込みをするという使い方が多かったであろう。デジタル化により、教科書とノートが一体化し、付箋を付けたり、マーカーを書き加えたりすることが可能となる。さらに、様々な画像や動画、資料などのリンクが貼られていることも多い。これにより短時間でたくさんの情報を得ることができるが、同時に児童・生徒には情報選択能力を身に付けさせることが求められる。

　一方、次のような批判も聞かれる。デジタル教科書を使うことによって、本来、児童・生徒が実際に行うべき観察・実験が行われなくなってしまうということである。理科教育においては、観察・実験をどのように構想するのか、得られた結果から様々な思考を経て結論を見いだすことによって、論理的な思考が育成できる。観察・実験の写真や動画などを見せて終わりというのは避けたいところである。また、デジタル教科書を使うことによって教師が授業を構想する能力が低下してしまうという批判もある。算数・数学の授業において、教師がクリックをすることによって授業を進行できることから、算数・数学教育の本質を理解せずして授業を進めてしまうのである。デジタル教科書に頼りすぎるのも危険である。

Lesson
14

小学校指導事例②「デジタル教科書の活用」

「右はらい」は、だんだんと力を入れながら右下へ運び、

書写での運筆

教育出版「小学書写 教師用指導書指導者用デジタル
教科書（教材）4 年」より

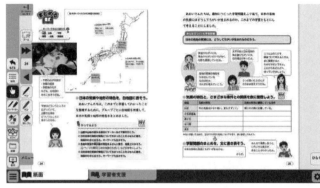

※画面の左側に様々なメニューがある

書き込みもできるデジタル教科書

教育出版「小学社会 指導者用デジタル教科書（教材）5 年」p.24 より

4．デジタルコンテンツの活用

　NHK for School をはじめとして、学習に有効な映像や動画がたくさん存在している。例えば、小学校理科に地層の学習がある。近くに地層が見られる露頭が無い学校の方が多いであろうから、地層のでき方をアニメーションで示したい時にも大変有効である。教科書会社の資料にも写真や動画が DVD として用意されていたり、QR コードなどで外部のサイトにリンクが貼られていたりすることも多い。ユーチューブ動画などにも投稿があるが、教師は事前にその情報が信頼できるものなのかを判断することが重要である。また、その動画の全編を用いるのか、またはクリップ画像など一部を用いるのかなどを検討しておくことが求められる。

　静止画像にはない動画の特徴は、時間を圧縮して観ることができる。例えば雲や星の動きなど、時間を早送りすることで、その動きを捉えることができる。また、目には見えない電子の動きや熱の動きをモデルで表現することも可能である。これらは、児童・生徒の理解促進に役立つことであろう。

　しかし、デジタルコンテンツはメリットだけではない。動植物の成長や調理の学習で用いると仮定する。理科教育においては動植物を飼育・栽培することにより、自然を愛する心情や命を大切にする心情が求められる。映像を見るだけではそのような心情を培えるであろうか。同様に、どのような火加減やさじ加減で料理ができるのかは、実際に実習をしないで身

に付くであろうか。そこで、教科の本質を十分に検討してICT活用場面を考えることが求められる。

　教科書会社や教材会社は、教師向けの支援も行っている。学習シートや黒板掲示物などが収納されていることも多い。教科書会社や教材会社による著作権を厳守し、授業で使用することも可能である。ぜひ参考にされたい。

小学校指導事例③「デジタルコンテンツの活用」

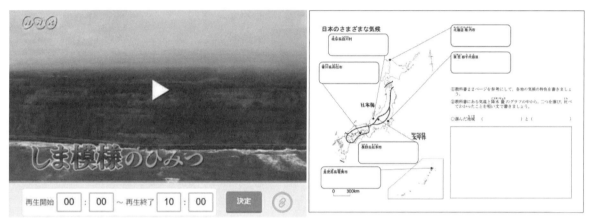

NHK for School
「ふしぎがいっぱい」より「しま模様のひみつ」
クリップ動画としても活用可能

デジタル教科書に掲載されている学習シート
授業での使用が可能
教育出版「小学社会 指導者用デジタル教科書（教材）5年」
より

Lesson
14

5．インターネットの活用

　総合的な学習の時間などの探究的な学習において、調べものの道具としてICTが使用されることが多くある。特にインターネットのweb検索では簡単に調べることができる。しかし、留意しなくてはならないこともたくさんある。例えば、検索した言語が、調べたいことに対してフィットしていたか、検索数が多く組み合わせる言語を何にするのか、検索された情報は信頼できるのかなどが挙げられる。また、検索されたHPを引用・参考にするには、それらを用いたことを明示しないとならない。これらに関しても、情報モラルと同様に児童・生徒に身に付けさせないとならない事柄である。

　社会科においては、googleマップなどの地図の活用も考えられる。さらに詳しい地図が必要となれば、国土地理院の地形図も利用することができる。こちらには、地図記号も用いられており、学習した内容と合致する。

小学校指導事例④「インターネットの活用（地図）」

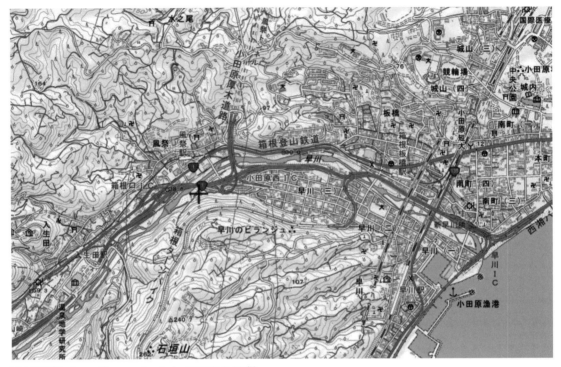

国土地理院　https://maps.gsi.go.jp/　2022.8.15 取得

　地形図には、鉄道や道路、地図記号がたくさんちりばめられている。また、その地図記号より、その土地の利用の様子を確認することができる。さらに、地図記号の学習をする際には最適である。

　さらに地形図には、土地の高低差を色付けすることができる。さらに、立体視可能なアナグラフ表示（青赤の３Ｄメガネ使用）もできる。これらにより、土地のつくりを簡易に見ることができるのは、ICT ならではの活用である。この活用は、小学校より、中学校、高等学校の方がより期待できる。

　また理科においては、気象庁の雲画像やアメダス画像などを利用することができる。これらの情報を用いて、天気の移り変わりの規則性の見いだしや天気の予想を行うことができる。各教科における学習内容と照らし合わせて、効果的な活用が求められる。

小学校指導事例⑤「インターネットの活用（天気）」

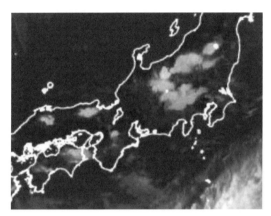

気象衛星ひまわりの雲画像

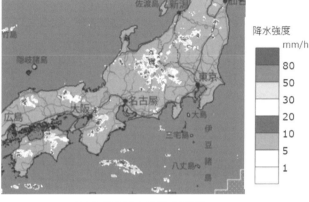

アメダスによる降水強度

気象庁HPより　　https://www.jma.go.jp/jma/index.html　　2022.8.15取得

6．カメラ機能の活用

　GIGAスクール構想による小中学生へ配布されたタブレットパソコンの多くには、カメラ機能が備わっている。この機能を用いて、動画撮影や写真撮影ができる。例えば、体育の授業において、自分の動きを撮影しておき、それを見ることで自分の課題を見いだすことができる。要するに自分自身を俯瞰した状態で見ることができ、そして思考することができる。また、カメラには保存機能もあるので、単元はじめと単元の終わりに動画撮影を行い、自分自身の成長ぶりを確認することもできる。また、拡大や縮小、再生速度も変えることができるので、これらを組み合わせる様々な学習を組むことが可能となる。

　写真撮影に関しても、カメラの保存機能が大変有効である。例えば、植物の成長や昆虫の成長の様子を撮影しておくことにより、どのような過程を経て変化をしていくかが明らかになる。家庭科や図画工作では、作品制作の過程を写真にとっておき、後にどのような過程で制作したのか表現することができる。学校現場においては、このような制作過程を展覧会や学習発表会にて掲示する例も見られる。反面、気を付けないとならない点もある。写真を撮影することが目的になってしまうと、本来、視点を定めて観察をすることや、写真では感じられない、においや手触りなどの五感を通しての観察が困難となってしまう。そのため、授

業において、どのような目的で、どの場面でタブレットＰＣのカメラ機能を活用するのか十分検討しておく必要がある。

　なお、多くの場合、撮影された写真や動画は日付と時刻で保存されることが多いので、ファイル名の変更をして管理しておくとよい。また、写真や動画の保存先に関しては、フォルダを作って管理することが大切である。後にどこに保存したのか分からなくなったり、検索しづらくなったりするためである。また、保存先として学校の共有ドライブを使用するなら、学校全体で保存先に関する約束を決めておくことが大切となる。さらに、共有ドライブを使う際には、年度末にどのように処理をするのかということを決めておくことも大切である。なぜなら、動画や写真は容量が多くなりがちであり、限度がある共有ドライブを圧迫してしまうからである。多くの場合、ICT に関わる担当者が決められていると考えられるので、確認をして使用することが大切である。

小学校指導事例⑥「カメラ機能の活用（体育）」

折り返しリレーを撮影

チームごとに振り返り

東京都江戸川区立下小岩小学校　新野葉月先生の体育での実践

7．自作教材の活用例

　自然のきまりや法則には、人の目には見えないものがいくつも存在する。例えば、電気が流れる様子や空気や水の温度が上がると体積が大きくなる様子もこれらにあたるであろう。それを理解させるために、プレゼンテーションによるアニメーション機能を用いて提示することがある。教師にとって事前の準備に多くの時間がとられるが、子どもにとっては可視化できるようになり理解が進むであろう。自作教材は教師の負担が多くなることに課題がある

が、時間に余裕のあるときに少しずつ作成をしたり、教師仲間と共に積み上げたりしていくと、それ自体がデータベースとなっていく。子どもの認識をよく理解した教師が創り上げているので、子どもにとっては大変有益な教材となる。こちらも中学校や高等学校の専門の先生が多く実践している。

小学校指導事例⑦「自作教材の活用（理科）」

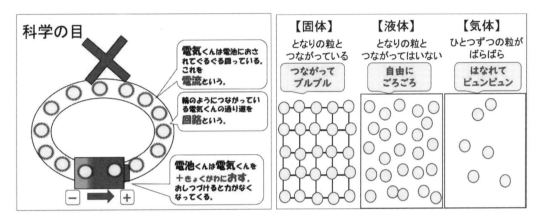

第３学年、第４学年の電気単元　　　　　第４学年「水・空気・金属の性質」

※この２事例は、アニメーション機能を使用しており、動画のように表現されている。
福岡県福岡市立笹丘小学校　帆足洋之先生の理科での実践

8．プログラミング教育

　「小学校プログラミング教育の手引（第三版）」（文部科学省　令和２年２月）によれば、プログラミング教育のねらいは、①「プログラミング的思考」を育むこと、②プログラムの働きやよさ、情報社会がコンピュータ等の情報技術によって支えられていることなどに気付くことができるようにするとともに、コンピュータ等を上手に活用して身近な問題を解決したり、よりよい社会を築いたりしようとする態度を育むこと、③各教科等の内容を指導する中で実施する場合には、各教科等での学びをより確実なものとすること、と記されている。また、「プログラミング的思考」とは、「自分が意図する一連の活動を実現するために、どのような動きの組合せが必要であり、一つ一つの動きに対応した記号を、どのように組み合わせたらいいのか、記号の組合せをどのように改善していけば、より意図した活動に近づくのか、といったことを論理的に考えていく力」と説明されている。つまり、コンピュータ等によるプログラミング的思考は、各教科の中で育成することと解釈できる。

ここに、第６学年理科「電気の利用」を例に紹介する。身の回りには、人が近づくと照明が点いて、人が離れてしばらく時間が経つと消えるという照明器具がある。このようなプログラムを、実際に作ってみるということが該当する。人感センサーが on と感知したら、電気を流して電球を点ける。人感センサーが off と感知したら、数秒後に電気を止めて電球を消すというプログラムとなる。使用するプログラム言語やセンサーなどは、各会社が開発をしており、専門的な知識が無くても視覚的に扱えるようになっている。小中学校、高等学校では、Scratch（スクラッチ）や micro:bit（マイクロビット）、MESH（メッシュ）などが使われている。実際の使用に関しては、各自治体や各学校の導入の実態に応じて指導を展開することが現実的であろう。

小学校指導事例⑧「第６学年　理科「電気の利用」」

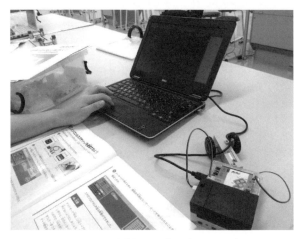
パソコンを用いてプログラミング

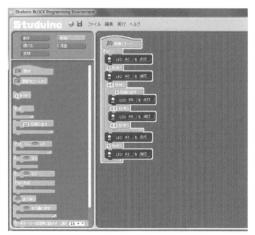
Scratch の画面例

帝京大学での授業より

9．対話的な学びを促進させるための ICT の活用

　小学校学習指導要領（平成 29 年告示）によれば、各教科領域において、主体的・対話的で深い学びが求められている。この「対話的な学び」というのは、ペア学習やグループ学習などの形態を示したものではない。①相手と話すことによって、自分が気付かなかったことに気付けた。②相手と話すことによって、自分の考えを修正することができた。③相手と話すことによって、自分の考えに確信をもつことができた。―このように解釈すると分かりやすいであろう。その一つのツールとして ICT を用いることが考えられる。

　ここに紹介をするのは、インターネット上で使用できる Padlet（パドレット）というも

のである。Padletには、様々なフォーマットが用意されているが、教師は指導の目的や指導内容によって、フォーマットを選択すればよいであろう。ここでのフォーマット例としては、教師が横軸にクラス全体で検討をしたいことを設定する。一人一人の児童は、その横軸の下に自分の考えを入力をしていく。これらの画面は皆で共有ができるので、誰がどのような課題や考えをもっているのか把握ができる。その情報を基に、児童同士が話し合いをもったり、考えを深化させたりすることが可能となる。従前であれば、学級の中で発表した子どもの考えを知ることはできたが、発表しない子どもの考えは積極的に知ることはできなかった。このようにICTの導入により、学級全体での参加意識を高めることができたり、多くの考えを取り入れたりすることが可能となる。さらにログを簡易に残すことができるので、学びの履歴の確認や自己の成長を確認することができる。

小学校指導事例⑨「Padletの活用（探究科）」

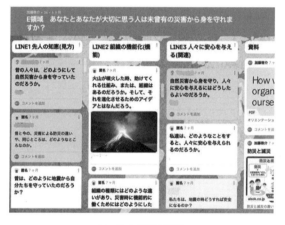

Padletの画面例

Padletをみる子ども

東京学芸大学附属大泉小学校　加藤啓介先生の探究科での実践

Lesson
14

10. ICTを利用した模擬授業を考えてみよう

　これまで、授業におけるICTの活用例をいくつか紹介してきた。冒頭に記したが、どの例においてもICTを利用することが目的ではない。ICTを使用する際には、何が目的であるのかを明確にする必要がある。そして、ICTを利用する場合と利用しない場合を考え、ICTを利用することが教育活動において有効であると判断した場合にはおおいに利用すべきである。
　あなたが模擬授業をつくる場合、どのような場面でどのような使い方をしたら教育効果が上がると考えますか。授業で育成すべき目標をしっかりとらえて、指導案を作成してみよう。

【資料1】双方向型のタブレットパソコンの活用

　GIGA スクール構想によって児童・生徒に配布されたタブレットパソコンの活用場面と配慮事項を検討する。

	説明	配慮事項
資料の配布	従前、教師が、児童・生徒に紙媒体の学習シートを配布していたように、デジタルの学習シートを配布することができる。	デジタル情報での資料や課題の配布となる。教室のみならず、遠隔授業でも行える。
資料の回収	従前、教師が、紙媒体の学習シートを回収していたように、デジタルの学習シートを回収することができる。	デジタル情報での資料や課題の回収となる。教室のみならず、遠隔授業でも行える。
協働作業	従前、児童・生徒が、みなで模造紙に書き込んでいたように、デジタル上の画面に協働で書き込むことができる。	一つのファイルを、一斉に記入することができる。同時に作業できることが大きな特徴である。
一斉画面共有	従前、児童・生徒が一人一人発表していたように、画面上にて一斉に表示することができる。	複数画面の一斉表示ができるが、教師はどのように指導するかの検討が必要。
ポートフォリオ	従前、自分の学びをファイルに保存しておいたように、デジタル情報として保存し、それを履歴として参照することができる。またそれを皆で共有することができる。	自分の学びの履歴となるので、後の利用を想定した保存フォルダのきまりやファイル名のきまりなどが大切となる。
オンデマンド授業	事前に保存をしておいた授業を、学習者が好きな時間、好きな場所で学ぶことができる。	参加状況の確認や児童・生徒の反応が把握できないことが課題である。
オンライン授業	オンライン・オンタイムにて、遠隔授業を行うことができる。画面の共有やチャット機能を用いると有効活用ができる。	児童・生徒にとって、ICT リテラシーが必要となる。また、そのリテラシーは使用するアプリに依存する。

【資料2】静止画・動画・実物の特色とその選択

　今まで ICT を活用した授業の活用例を示してきた。ここでもう一度、画像（静止画）と映像（動画）、実際のものを扱ったものの特色を見ておこう。その特色を理解した上で有効活用することが大切である。

	特色	使い方のコツ
画像（静止画） 　書籍 　デジカメ（タブレット） 　写真	教科書では、文字と表、グラフ、画像などで構成されているのが一般的である。昨今の教科書には、QR コードが付けられ、動画が見られたり、関連 HP のリンクが貼られたりしている。	教科書を含む書籍は、いつでもどこでも開くことができる。繰り返し読むことができる。書籍類は信頼のある情報であるので安心できる。
映像（動画） 　コンテンツ利用 　動画録画・再生 　実物投影機	映像（動画）により、変化の様子が視覚でとらえることができる。またその動画は、繰り返し見られる、時間を短縮して見られるなどの効果も期待できる。また音声を入れることができ説明も加えられる。	動きがあるもの、変化をとらえるもの（速いものをゆっくり、遅いものを速く）が有効である。パソコンやタブレットを使わなくても、手元を映す実物投影機の活用もこちらに入る。
実物（観察・実験・実習）	自分の体（五感）を用いて感覚機能を高めたり、技能を身に付けたり、豊かな心情を培うことができる。	におい、手触りなどの諸感覚は実物でないと得られない。また自然を愛する心情などは、ICT では培えない。

Lesson
14

模擬授業を考える前に調べてみよう

　校種や教科によって ICT 活用の具体が異なります。自分の希望校種や教科に合ったものを、まずは探してみましょう。そして、具体的な指導方法を考えましょう。

〇 日本語入力練習オンラインソフト（小学校対象）
　　・ゲストで体験することができます。

〇 デジタル教科書（全校種全教科対象）
　　・大学の図書館で実際に閲覧できるものもあります。図書館に行ってみましょう。

〇 デジタルコンテンツ（全校種対象）
　　・NHK for School には、どのような番組が用意されているでしょうか。
　　・文部科学省にも、有益な動画が用意されています。何が使えるかな。

〇 インターネットの活用（全校種全教科対象）
　　・気象庁や国土地理院以外の、公的機関が作成している有益なコンテンツを探してみましょう。

〇 カメラ機能の活用（全校種全教科対象）
　　・静止画や動画で撮影し、それを見ることで学びにつながる場面がないかな。自分自身の動きを俯瞰して見たり、教師の手元を児童生徒に大きく見せたりすることも可能です。様々な活用が考えられます。体育科は、特に有効かもしれません。

〇 自作教材の活用例（全校種全教科対象）
　　・どのようなコンテンツが集積されると有効ですか。中学校以降になると、目には見えない抽象的な概念を用いるものが増えます。英語科は音声も有効ですね。

〇 対話的な学びを促進させるための ICT の活用（全校種全教科対象）
　　・Padlet の他にも、Google Classroom や Google Jamboard、ロイロノート等を用いることによって、文字や画像、動画、音声などが共有できるものが多く存在します。今後、教師がどのような使い方をするのかが一番大きなポイントになります。

レッスン **15**

教育上困難を有する
児童生徒への ICT

1．特別支援教育と ICT

　2007 年 4 月、学校教育法が一部改正され、これまでの「特殊教育」から「**特別支援教育**」
へ制度が移行した。特殊教育は、特に障害のある児童生徒の「障害の種類や程度」に注目し
た教育を行っていたが、特別支援教育では、一人一人の「教育的ニーズ」を丁寧に把握・対
応しつつ、障害の種類や程度のみではなく、子どもの視点に立って多角的総合的に教育する
という考え方と方法にシフトすることとなった。また、通常の学級に在籍する知的な遅れの
ない**発達障害**のある児童生徒を含め、特別な支援を必要とする様々な子どもたちも特別支援
教育の対象とし、すべての学校で実施されることとなった。

　文部科学省では、学習指導要領（平成 29 年告示）の改訂に対応した「教育の情報化に関
する手引」を作成した。この学習指導要領では、初めて「情報活用能力」を学習の基盤とな
る資質・能力と位置付けている。そのため必要な ICT 環境を整え、それらを適切に活用した
学習活動の充実を図ることとしている。また、小学校では「プログラミング教育」が必修と
なった。小学校段階において、学習活動としてプログラミングに取り組むねらいは、「プロ
グラミング的思考」と呼ばれる論理的な思考力を育むことや、各教科等の内容を指導する中
で実施する場合には、各教科等で学ぶ知識及び技能等をより確実に身に付けさせることが示
されている。このことは、特別支援学校においても実施することが求められている。

　このような状況下、Sociery5.0 時代を生きる全ての子どもたちの可能性を引き出す個別最
適な学びと協働的な学びを実現するために、ICT の積極的な活用が不可欠との観点から文部
科学省では「GIGA スクール構想」を推進することとなった。新学習指導要領の着実な実施
に向けて、ハード面の整備が行われることとなり、特別支援学校においても児童生徒向け
の 1 人 1 台端末の整備と校内ネットワーク等の整備が実施されている。あわせて、「教育の

ICT化に向けた環境整備5か年計画（2018～2022年度）には、各普通教室に大型提示装置を1台整備することが示されている。大型提示装置とは、電子黒板や大型ディスプレイ、プロジェクター等であり、すでに整備された特別支援学校もある。1人1台端末と各教室の大型提示装置を組み合わせることで、特別支援学校では各障害種のニーズに対応した有効な指導や支援が実施できるものと考えられる。

　障害のある子どもたちとICTの親和性は早くから注目され、感覚器官の障害（視覚障害や聴覚障害など）や移動に困難（肢体不自由など）があるなど、日常の生活上のハンディキャップのある人にこそ、ICT機器の持つ機能が、その障害故の困難さを緩和、改善してくれるものであるとの認識が高まってきた。

　特別支援学校学習指導要領各教科編にも、コンピュータ等の情報機器や教材等の活用について、それぞれの障害種における教科指導で、有効に活用し、指導の効果を高めるようにすることが触れられている（表1）。

　さらに、特別支援学校学習指導要領自立活動解説では、コミュニケーションの指導の中で、「音声言語の表出は困難であるが、文字言語の理解ができる児童生徒の場合、ボタンを押すと音声が出る機器、コンピュータ等を使って、自分の意思を表出したりすること」というような活動などを通して適切なコミュニケーション手段を身につけさせることが示されている。また、「音声言語による表出が難しく、しかも、上肢の運動・動作に困難が見られる場合には、下肢や舌、顎の先端等でこれらの機器等を操作できるように工夫する必要がある」とスイッチ操作やインターフェースについても示されている。

表1　学習指導要領の障害種別による教材等に関する記載

視覚障害	触覚教材、拡大教材、音声教材等の活用を図るとともに、児童が視覚補助具やコンピュータ等の情報機器などの活用を通して、容易に情報の収集や処理ができるようにするなど、児童・生徒の視覚障害の状態等を考慮した指導方法を工夫すること。
聴覚障害	視覚的に情報を獲得しやすい教材・教具やその活用方法等を工夫するとともに、コンピュータ等の情報機器などを有効に活用し、指導の効果を高めるようにすること。
肢体不自由	児童・生徒の身体の動きや意思の表出の状態等に応じて、適切な補助具や補助的手段を工夫するとともに、コンピュータ等の情報機器などを有効に活用し、指導の効果を高めるようにすること。
病弱	児童・生徒の身体活動の制限や認知の特性、学習環境等に応じて、教材・教具や入力支援機器等の補助用具を工夫するとともに、コンピュータ等の情報機器などを有効に活用し、指導の効果を高めるようにすること。
知的障害	児童の知的障害の状態や学習状況、経験等に応じて、教材・教具や補助用具などを工夫するとともに、コンピュータや情報通信ネットワークを有効に活用すること。

　特にコミュニケーションにおける困難を改善、補う機器のことを「**コミュニケーションエイド**」と呼んでいる。学習指導要領解説にもあった「ボタンを押すと音声が出る機器」のことを **VOCA**（Voice Output Communication Aid）という。VOCA には、ボタンが 1 つで 1 つの音声が再生されるもの、ボタンが 1 つで複数の音声が再生されるもの、複数のボタンがあり複数の音声が再生されるもの、50 音のボタンがあり言葉として再生されるものなどがある（図 1）。また、外部スイッチを VOCA に接続して、ボタン以外の操作で再生させることも可能である。

  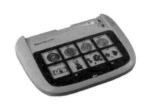

ビックマック（1 ボタン 1 音声）　　ステップバイステップ（1 ボタン 3 音声）　　スーパートーカー（複数ボタン複数音声）

図 1　一般的に販売されている VOCA

　このように、単純な操作の VOCA は、これでコミュニケーションを完結させるものではなく、コミュニケーションのきっかけとして指導されることが多い。特に知的障害の子どもや重度の知的障害がある肢体不自由児にコミュニケーションの導入として使用されている。このようなコミュニケーション支援の技法が特に重度の障害のある子どもの指導には普及しており、**AAC** と呼ばれている。

　AAC とは Augmentative and Alternative Communication（拡大代替コミュニケーション）の略である。AAC 研究の第一人者である東京大学の中邑賢龍氏によると「AAC とは手段にこだわらず、その人に残された能力とテクノロジーの力で自分の意思を相手に伝える技法のこと」と述べている。ここで大切なのは、本人の意思を尊重し、主体的な発信行動を豊かにすることである。AAC を実現する上では ICT をはじめとした様々な支援機器が重要になる。

Lesson
15

・・・実習課題 1【考えてみよう】・・・

　重度の障害のある子どものコミュニケーション指導を行うとき、1 つのボタンで 1 つの音声が再生される VOCA には、どのような言葉を登録すればよいか考えて、発表しましょう。

2018年に亡くなったイギリスの天才物理学者ホーキング博士は、難病を患い車イス生活を送り、言葉を発せないことから意思伝達装置を使いコミュニケーションをとっていた。50音で入力できるVOCAや高機能なVOCA、パソコンでそのような機能を代替できる装置のことを意思伝達装置と呼ぶ。

　このようなVOCAで代表的なものに、トーキングエイドやレッツ・チャットなどがある。ともに、根強いユーザーがいたがトーキングエイドは生産終了となり、タブレットPCのアプリとして継続している。また、レッツ・チャットも紆余曲折を経てユーザーの要望に応える形でその開発者が継続してアフターフォロー等を行っており、代替機としてファイン・チャットという製品を送り出している（図2）。

トーキングエイド　　　　　　　トーキングエイド for iPad　　　　　　ファイン・チャット

図2　高機能VOCAの一例

　これらの機器は、それぞれの障害や困難さのニーズに対応したものであるが、パソコンでもその機能が代替できる。パソコンやタブレットPCには、標準でアクセシビリティという機能が備えられている。例えば、文字の読み上げ、音声入力、スイッチコントロールなどの機能がある。この機能とアプリを組み合わせることで意思伝達装置として使用したり、さらに高度な学習や作業、環境制御装置として活用したりすることができる。

　スイッチコントロールとは、1つまたは複数のスイッチでPCの画面の操作を行うことである。画面上を移動する（スキャン）ポインタをスイッチで選択し、アプリを操作したり、1つのボタンで項目を選択し、もう1つのボタンで動作を確定するなどのスイッチ入力によりPCを操作したりすることである。スイッチ入力は一般的に手で行うが、それが困難である場合は学習指導要領にあったように下肢や舌、顎の先端等、随意運動が可能な部位を活用することになる。例えば、まばたきや呼気によるスイッチ操作などもある。

　現在、重度の障害がありスイッチ操作が難しい子どもたちに視線入力の活用が進められている。アイトラッカーと呼ばれている視線検出式入力装置をパソコンにセットし、視線によりパソコン上のマウスの操作を行ったり、オンスクリーンキーボードと呼ばれる画面上のキーボードに入力したり、VOCAのように単純な操作や選択を行い、コミュニケーションの

指導として導入するなど活用が進められている。

　またコロナ禍で、これまで当たり前のように行っていた対面による教育活動が著しく制限を受けることになり、臨時休業を余儀なくされることもあった。そこで、児童生徒の学習保障のためリモートによる遠隔授業が広く実施されることになった。コロナ禍により ICT 機器の活用、とりわけこれまでなかなか進まなかった遠隔教育については飛躍的に前進することになった。特別支援教育における遠隔授業といえば、これまで病気療養中で教室への登校が難しい子どもがベッドサイドと教室をリモートで結び授業を受けるといったケースがあり、これは ICT を効果的に活用し、教育の機会均等や質の維持・向上につなげることも可能という視点から取り組まれてきた。

　このような ICT をはじめとした支援機器などを**アシスティブ・テクノロジー**（Assistive Technology）といい、一般には支援技術と呼んでいる。肢体不自由教育の中で一番知られているものは車イスであろう。例えば電動車イスを使用することで、移動することが困難な子どもでも自分で好きなところに行くことができる。「自分でできる」という経験は大きく生活の質を変えるものである。この他にも肢体不自由のある子どもが学習や生活を豊かにするためには「支援機器」とよばれるものが沢山ある。支援機器の中でも学校生活では ICT 機器の活用は大きな役割を果たしている。ただし、ICT 機器がそのまま使えるとは限らないので、専用のソフトや専用の入出力支援機器などと組み合わせることも必要になる。しかし、これらを使えば学習上の困難さがすぐに解決するわけではない。本人のニーズをよく把握し、自らそれらを利用する力を付けさせることは学校教育の大きな役割であろう。

　障害や個々の子どもの特性によって、学習やコミュニケーションなどが困難である場合、ICT 機器がその障害を補完してくれたり、効果的に学習を進めたり、コミュニケーションの手段としてより豊かな生活を支援（**QOL**：クオリティ・オブ・ライフ：生活の質の向上）してくれることにつながる。また、学習上の困難や個別のニーズに応えられる ICT 機器の多様性、双方向性も特別支援教育の対象児には最適の特性と言えよう。

　GIGA スクール構想により、1 人 1 台端末を前提とした学習を進める必要があり、ICT の活用はもはや不可欠となっている。「教育の情報化に関する手引」には、肢体不自由者である児童生徒に対する情報教育について、「肢体不自由者である児童生徒に対する情報機器を活用した指導においては、障害の状態等に応じて、適切な支援機器の適応と、きめ細やかなフィッティングが必要となる。（中略）そのためまた、指導する教師は、障害についての知識や、支援機器の活用方法について基本的な知識を学ぶことが重要となる。」と示されている。さらに同手引には、「このように、支援方策を講じた情報機器を操作できるようにすることで、これまでできなかった表現活動などの主体的な学習を可能にしたり、多くの人々と接点を持たせることで、自立や社会参加に向けてのスキルを大きく伸ばしたりしていく指導

Lesson
15

が可能となる。肢体不自由による困難さにより活動に制限があるからこそ、ワードプロセッサやグラフィックツール、音楽ツールなどでの創作活動や意思伝達、さらにはインターネットなどを用いての積極的な社会参加の意義は大きい。」と書かれている。

障害があるからこそ、ICT 機器やツールを活用する意義は大きい。特別支援教育においても ICT 機器の活用をますます充実させる必要がある。

2．特別支援教育における ICT 活用

特別支援教育における ICT の必要性や重要性は高まっている。金森克浩（2022）によると、障害のある子どものための ICT 活用には図 3 に示した 3 つのポイントがあり、それぞれが学習指導要領の「主体的で対話的で深い学び」に対応していると考えられる。

また、金森は ICT 活用について 4 観点 9 項目に整理をし、図 4 のように示した。

この図によると、A. コミュニケーション支援、B. 活動支援、C. 学習支援と観点を分類することで、指導目的の明確化を図っている。この 3 観点については、主に学習者自身の活動を中心に考えられたものであるが、特別支援教育では子どもの実態把握を行うための ICT 活用が有効であるため、D. 実態把握支援の観点も含め 4 観点として示している。

例えば、A. コミュニケーション支援については、VOCA の使用や遠隔教育があげられる。B. 活動支援では、デジタル教科書の使用、時間を視覚的に把握するためのタイムタイマーの使用が想定される。C. 学習支援と観点では、それぞれの教科学習に活用できるアプリを Web 上で入手することができる。D. 実態把握支援の観点では、モーションキャプチャーで動作を記録し随意運動が可能な部位を特定することができたり、視線入力装置で視線の動きを記録したりすることで、子どもの活動状況や実態を評価することができる。

障害のある児童生徒の教育において、こうした ICT の活用や自ら活用するスキルを学ばせることによって、学習上、生活上の困難を主体的に改善・軽減・克服しようとする取組が期待される。

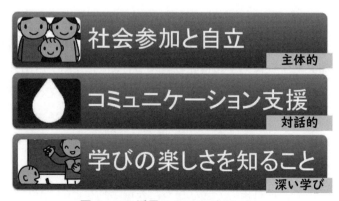

図 3　ICT 活用の 3 つのポイント

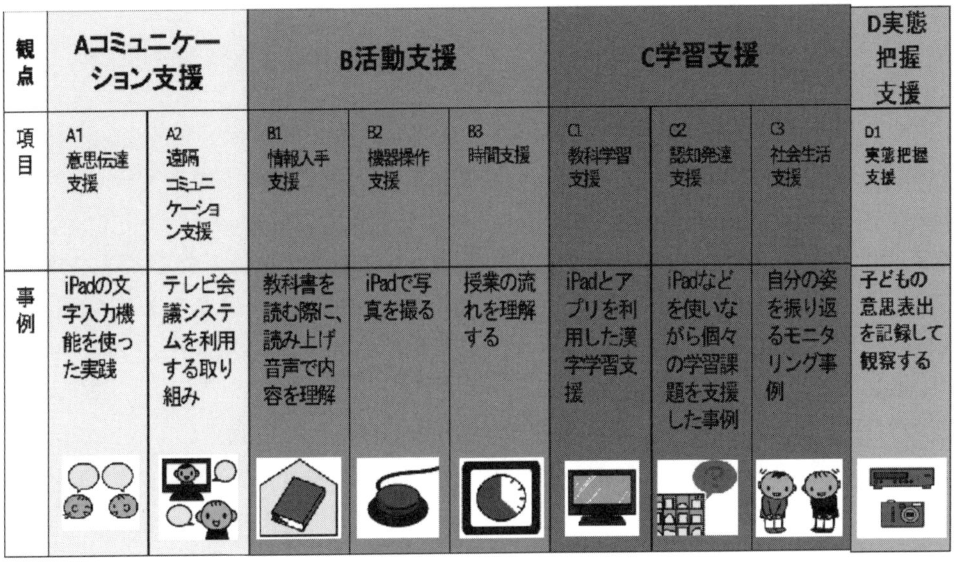

観点	Aコミュニケーション支援		B活動支援			C学習支援			D実態把握支援
項目	A1 意思伝達支援	A2 遠隔コミュニケーション支援	B1 情報入手支援	B2 機器操作支援	B3 時間支援	C1 教科学習支援	C2 認知発達支援	C3 社会生活支援	D1 実態把握支援
事例	iPadの文字入力機能を使った実践	テレビ会議システムを利用する取り組み	教科書を読む際に、読み上げ音声で内容を理解	iPadで写真を撮る	授業の流れを理解する	iPadとアプリを利用した漢字学習支援	iPadなどを使いながら個々の学習課題を支援した事例	自分の姿を振り返るモニタリング事例	子どもの意思表出を記録して観察する

図4　ICT 活用の4観点9項目

・・・実習課題【調べてみよう】・・・

ネットを使って、どのような支援機器が使われているか調べ、発表しましょう。

Lesson
15

＜参考・引用文献＞

文部科学省（2018）「特別支援学校学習指導要領（平成29年告示）解説各教科等編（小学部・中学部）」

文部科学省（2018）「特別支援学校教育要領・学習指導要領（平成29年告示）解説自立活動編（幼稚部・小学部・中学部）」

文部科学省（2019）「教育の情報化に関する手引」

金森克浩編（2022）「新しい時代の特別支援教育における支援技術活用とICTの利用」ジアース教育新社

大井雅博（2022）はげみ8月号「GIGA端末等の有効活用に向けて」日本肢体不自由児協会

埼玉県立上尾特別支援学校　澤田隆視

　私の勤めている知的障害特別支援学校でも GIGA（Global and Innovation Gateway for All）スクール構想により、小学部と中学部の児童生徒には 1 人 1 台のタブレット端末（iPad）が整備されています。

　特別支援学校でタブレット端末などの情報機器は、情報通信技術である ICT（Information and Communication Technology）という意味だけではなく、支援技術である AT（Assistive Technology）や、補助代替コミュニケーションである ACC（Augmentative and Alternative Communication）といった役割があります。

　知的障害特別支援学校の中には、朝の会の流れは分かっているが、日直として司会をしたくても、言葉で話して進行することが難しかったり、自分の名前を呼ばれれば分かるし、友達や教員の顔も分かっているが、言葉で名前を呼ぶのが難しかったりする児童生徒がいます。

　私は Drop Talk というアプリケーションをよく使用しています。朝の会での内容を、絵や文字、音声で入力しておくと、上から順にタップするだけで、音声が出て進行することができます（図 1）。

　友達や教員の顔写真をタップすると、名前の音声が出るとともに、顔写真が拡大して、名前を呼ぶことができます（図2で顔写真は筆者）。

　以上のように合理的配慮としてタブレット端末を活用すると、言葉が話せる児童生徒も、話すことが難しい児童生徒も、日直の日に朝の会や帰りの会を進行することができるようになっています。

図1
① これからあさのかいをはじめます。きりつ
② きをつけ、れい
③ おはようございます。
④ しゅっせきかくにんをします。なまえをよばれたら、たっていすをしまいましょう。

　その他にも、セレクト給食でメニューを選んだり、畑に植えたい野菜を選んだりする時にも、写真やイラストに音声をつけて提示すると、選びやすいこともあります。選ぶのが難しいのではなく、選びにくい状況であるだけで、選びやすい状況をつくれば、選べることも多くあるのです。

　新型コロナウイルス感染症流行の影響で、職員会議や始業式、授業でも密にならないように、Zoom といったオンラインで各教室をつないで実施することも多くなりました（図3の Google Classroom から Meet に入って、同じ学年の授業に使っています）。

図2

図3
令和2年度中学部入学生用
クラスへの連絡事項を入力...
保存済みのお知らせ（1件）

　使い方は進化して変わっていきますが、杖や眼鏡のように毎日使う日常の支援機器として、タブレット端末の活用方法を探り続けています。

おわりに

　本書を用いて授業を受ける学生は、教職課程を履修し始めたばかりの1、2年生が大半だろうと思います。ですから、本書では、学校教育におけるICT活用の「入門・導入」を想定した内容を執筆しています。

　けれども、皆さんが実際に教育実習に行く、或いは、教職に就く数年後を想定すると、学校や授業に関わるICTの活用だけに限定しても、さらに多くのことを学ぶ必要があることを承知しておいて下さい。

　既にはっきりしていることをいくつか挙げておきましょう。

① 2024年からデジタル教科書（学習者用＝児童生徒が使う）が本格的に導入され始めること
② 2025年度から、全国学力学習状況調査—いわゆる学力テスト—にCBT（Computer Based Testing）が導入されること
③ 2024年度から、日本でもPISA学力調査にCBT（Computer Based Testing）が導入されること
④ 2025年度以降「教育クラウド」（「学習e–ポータル」という名称）の運用が開始されること

　例えば、本書の読者の皆さんは、生徒としてデジタル教科書など一度も使ったことがない人が大半でしょう。教師だけではなく生徒もデジタル教科書を使って、色々な教科の授業を普通に受ける光景が、数年後には「当たり前」になります。そのときには、生徒一人一人が自分のパソコン（タブレット）を机に置いています。これが全国どこの小中高でも普通の風景となる（既になっている）のです。その中に、教育実習に行く、或いは、教師として着任する自分が想像できるでしょうか？

　多くの学生の皆さんは「自分が受けた授業」を当たり前の授業として考え、それをリライトすることが多いようです。授業の進め方、指名の仕方、板書の方法、教科書の使い方……。善し悪しはともかく、数年前まではそれでも通用しました。けれども2020年以降、
　　・コロナの影響による世の中の変化
　　・GIGAスクール構想の本格実施
を背景に、急速に学校・授業は変わってきています。これほどの劇的で急速な変化は1945

年の敗戦以来かもしれません。

　端的に言えば、あなたが数年前に小中高で受けた授業は「1人1台」の環境では通用しなくなっているかもしれないのです。教職課程を履修する学生にとっては、自分の経験が通用しない、という「不幸な」時代なのかもしれません。しかし一方でこれから作っていく「面白さ」もある時代です。

　そのためには、あなたが免許を取得する予定の教科や校種がなんであれ、学校・授業におけるICT活用についてアンテナを高く張り、必要な勉強を怠らない姿勢が必要です。

　本書は、あくまでも入門書に過ぎません。「その先」を見据えて、4年間を続けてほしいと願っています。

2023年3月

著者代表：福島健介

■執筆者一覧及び執筆担当

福島　健介（ふくしま　けんすけ）　執筆者代表、レッスン3、9担当
　　現職及び略歴：帝京大学教育学部初等教育学科長教授。博士（工学）、東京都立大学大
　　　　　　　　　学院工学研究科博士課程修了。東京都公立小学校教員、米国 Roosevelt
　　　　　　　　　University College of Education 客員教授を経て現職。専門分野は、教育
　　　　　　　　　工学、教育方法、instructional design. 教育工学的なアプローチによる教
　　　　　　　　　材・カリキュラム開発とその実践及び評価について研究を進めている。

荒巻　恵子（あらまき　けいこ）　レッスン11、12、13、コラム担当
　　現職及び略歴：帝京大学大学院教職研究科教授、CEDiR 研究員。東京大学大学院教育学研
　　　　　　　　　究科修了。早稲田大学高等学院講師、東京学芸大学教員養成開発連携セ
　　　　　　　　　ンター特命教授を経て現職。専門分野は、インクルーシブ教育学、教育
　　　　　　　　　工学、教育対話学。

大井　雅博（おおい　まさひろ）　レッスン15担当
　　現職及び略歴：帝京大学教育学部初等教育学科講師。奈良教育大学大学院教育学研究科
　　　　　　　　　修了。公立養護学校（特別支援学校）教諭、教育委員会特別支援教育課
　　　　　　　　　主幹、特別支援学校教頭、校長を経て現職。アシスティブ・テクノロジー
　　　　　　　　　を活用した特別支援教育の実践が専門。

金森　克浩（かなもり　かつひろ）　レッスン1、2担当
　　現職及び略歴：帝京大学教育学部初等教育学科教授。東京学芸大学教育学研究科障害児教
　　　　　　　　　育専攻修士課程修了。東京都立養護学校(現特別支援学校)教員、国立特
　　　　　　　　　別支援教育総合研究所総括研究員、日本福祉大学スポーツ科学部教授を
　　　　　　　　　経て現職。専門分野は、特別支援教育、肢体不自由教育、アシスティブ・
　　　　　　　　　テクノロジー、教育工学。

阪本　秀典（さかもと　ひでのり）　レッスン10、14担当
　　現職及び略歴：帝京大学教育学部初等教育学科准教授。日本体育大学大学院教育学研究
　　　　　　　　　科博士後期課程修了。博士（教育学）。長く公立小学校教員を経て現職。
　　　　　　　　　専門分野は、理科教育、教科教育。

鈴木　賀映子（すずき　かえこ）　ごあいさつ、レッスン3、6、7、8担当
　　現職及び略歴：帝京大学教育学部教育文化学科准教授。早稲田大学教育学研究科博士後
　　　　　　　　　期課程単位取得満期退学。専門分野は、国際比較教育学、地域研究、諸
　　　　　　　　　外国の教師教育。

187

朴　偉廷（ぱく　うぃじょん）　レッスン4、5担当
　現職及び略歴：帝京大学共通教育センター非常勤講師。日本大学大学院文学研究科心理
　　　　　　　　学専攻博士後期課程修了、博士（心理学）。専門分野は生涯発達心理学。

（各現職は 2023 年 3 月現在）

イラスト：武内　秋子

教師をめざす学生のための **教育情報リテラシー 15 日間**（パートⅢ）
　　　　　　　　　　　　　　　　　　2023 年 3 月 31 日　第 1 刷発行

　編著者　　福島健介代表 教育情報テキスト研究チーム
　発行者　　池田廣子
　発行所　　株式会社現代図書
　　　　　　〒 252-0333　神奈川県相模原市南区東大沼 2-21-4
　　　　　　TEL　042-765-6462　FAX　042-765-6465
　　　　　　振替　00200-4-5262
　　　　　　https://www.gendaitosho.co.jp/
　発売元　　株式会社星雲社（共同出版社・流通責任出版社）
　　　　　　〒 112-0005　東京都文京区水道 1-3-30
　　　　　　TEL　03-3868-3275　FAX　03-3868-6588
　印刷・製本　株式会社アルキャスト